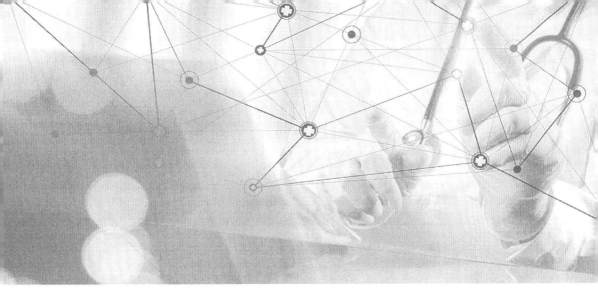

棘腹蛙重要基因
资源筛选与分析

樊汶樵
孙翰昌 ○ 著
黄孟军

ZHONGYAO JIYIN
AIXUAN YU FENXI

中国农业出版社
北　京

由重庆文理学院学术专著出版资助。

获得资助项目名称：重庆市教委重大项目（KJZD‑M202001301）、重庆市技术创新与应用发展专项（cstc2019jscx‑gksbX0147、cstc2020jscx‑msxmX0055）、重庆英才计划创新创业团队（CQYC20200309221）。

棘腹蛙（*Quasipaa boulengeri*）是无尾目（Anura）叉舌蛙科（Dicroglossidae）棘胸蛙属的两栖动物，俗称石蛙、石梆。棘腹蛙是我国特有的土著物种，主要分布在陕西、甘肃、四川、贵州、湖北和重庆等地。目前，国内对棘腹蛙生存环境特征、生活习性、繁殖特征等方面均有较深入研究，且相关研究成果对我国棘腹蛙人工养殖具有指导意义。然而，因栖息地退化或丧失、环境污染、捕捉等因素，我国野生棘腹蛙数量逐渐减少，目前已被世界自然保护联盟（IUCN）列为易危种。因此，加强棘腹蛙种质资源保护与利用是目前亟待解决的问题。

随着生物技术不断发展，使得分子水平揭示棘腹蛙的遗传信息、生长发育规律以及基因调控作用成为可能，也为棘腹蛙种质资源保护和利用提供了重要的理论和技术支撑。因此，樊汶樵团队通过多年的研究，构建了棘腹蛙转录组数据库，且对棘腹蛙相关的简单重复序列、剪切因子等进行克隆，进一步弄清了棘腹蛙的基因信息。《棘腹蛙重要基因资源筛选与分析》一是介绍了棘腹蛙皮肤转录组的测序与分析，为后续棘腹蛙相关基因的分析奠定基础；二是分析了棘腹蛙编码区简单重复序列特征和剪接因子；三是对调控棘腹蛙生长相关基因以及重要的细胞因子进行克隆、基因序列和氨基酸序列分析；四是对棘腹蛙皮肤分泌的重要抗菌肽进行筛选和抑菌分析；五是总结分析人工饲养下棘腹蛙蝌蚪生长水温及调控代谢，为棘腹蛙重要资源开发提供应用基础。

　　本书从棘腹蛙基因层面出发，多方面详述了棘腹蛙相关基因的序列，并通过分子实验验证，为进一步深入研究棘腹蛙基因调控功能、加快棘腹蛙种质资源保护与利用奠定良好的数据基础。

CONTENTS ▼ **目录**

前言

第一章

棘腹蛙皮肤转录组序列测定与分析

第一节 蛙科动物皮肤转录组研究概述

参与免疫系统的基因表现出异常高的多态性水平，是由快速检测不断进化的病原体产生的选择性压力所驱动的（Beutler，2004）。两栖动物皮肤分泌的多肽在两栖动物的天然免疫中起着重要作用，是宿主防御的第一道防线。这些多肽可以在核糖体中快速产生以应对感染，并保护动物免受微生物入侵（Woodhams et al.，2007）。多肽的成分和功能在物种间极其不同。一般来说，多肽含有多种生物活性物质，包括抗菌剂、血管扩张剂、神经肽、生长因子和蛋白酶抑制剂（Che et al.，2008）。抗菌肽和其他生物活性肽是由信号序列、连接序列和成熟活性肽组成的蛋白质（Amiche et al.，1999）。大多数成熟的抗菌肽是阳离子多肽，其长度、两性分子结构与广谱抗细菌、抗病毒、抗真菌活性各不相同（Li et al.，2007）。人们越来越意识到抗菌肽是传统抗生素的重要替代试剂，近年来抗菌肽领域得到了迅速的发展。

蛙科是一类种类最多、分布最广的无尾两栖动物中，全世界已报道的种超过 670 个（Cogălniceanu et al.，2013）。通过对青蛙皮肤及其分泌物的分析，发现了许多生物活性肽，它们在保护动物免受微生物攻击方面发挥了重要作用。迄今为止，在蛙科中已鉴定出多种抗菌肽，如粗皮蛙（*Glandirana rugosa*）的埃格林（gaegurins）和皱褶菌素（rugosins）（Suzuki et al.，1995）、日本沼蛙（*Pelophylax porosus*）（Morikawa et al.，1992）、食用蛙（*Pelophylax lessonae*）（Simmaco et al.，1994）和南方豹蛙（*Lithobates sphenocephalus*）（Conlon et al.，1999）的布雷维宁（brevinins），食用蛙的七叶内酯（esculentins）（Simmaco et al.，1994）、美国牛蛙（*Lithobates catesbeianus*）的雷纳列辛（rana-lexin）和雷那妥林（ranatuerins）（Clark et al.，1994），林蛙（*Rana temporaria*）的颞叶素（temporins）（Simmaco et al.，1996）。然而，这些抗菌肽是通过传统的生化方法分离和鉴定的，耗时、昂贵、效率低。最近，基于"组学"的高通量技术出现，如转录组测序技术（RNA-seq）和/或串联质谱，扩大了生物活性肽序列的收集内容。例如，Basir 等（2000）从美洲狗鱼蛙（*Lithobates palustris*）皮肤分泌物中鉴别到了 22 个抗菌肽，分别隶属于 8 个不同的家族。Li 等（2007）从无指盘臭蛙（*Odorrana grahami*）单个蛙体的皮肤中鉴定了 372 个抗菌肽的互补 DNA（cDNA）序列，发现它们可以编码 107 个新的抗菌肽。Bai 等（2010）从黄腹蟾蜍（*Bombina variegata*）中鉴定了 12 种不同的类铃蟾抗菌肽前体 cDNA，其中大部分是新的。这些铃蟾素（曾称蛙皮素）和缓激肽相关肽前体转录本已被成功克隆。Abraham 等（2014）分析了电刺激斜纹夜蛙（*Clinotarsus curtipes*）的皮肤分泌物，证实了多种多肽的存在，并证明这些新的多功能肽对保护斜纹夜蛙具有重要作用，保护其免受存在于环境中的侵入性病原微生物侵害。虽然已经取得了巨大的成就，但对蛙体内防御多肽的详细研究仅限于几种常见的蛙种，在棘腹蛙（*Quasipaa boulengeri*）中尚不清楚。

棘腹蛙，也称为石蛙、石梆等，在重庆、四川、贵州等地均有分布，属于蛙科（两栖纲，无尾目）的一种，是我国特有的大型野生蛙类。由于其肉质鲜美，皮肤中含有丰富的生物活性物质，因此被认为是一种有价值的滋补食品和抗菌源。然而，由于水污染和生态系统的破坏，野生棘腹蛙的种群数量近年来急剧减少，导致其在《中国濒危动物红皮书》中（陈阳等，2002）被列濒危物种。因此，合理开发利用棘腹蛙资源对保护这一濒危物种具有重要意义。本研究中，比较了 4 种不同蛙种，包括棘腹蛙、沼水蛙（*Boulengerana guentheri*）、黑斑蛙（*Pelophylax nigromaculatus*）和中国林蛙（*Rana chensinensis*）的皮肤分泌物对几种常见病原体的抗生素活性，如枯草芽孢杆菌（*Bacillus subtilis*）、产吲哚金黄杆菌（*Chryseobacterium indologenes*）、大肠杆菌（*Escherichia coli*）、腐败希瓦氏菌（*Shewanella putrefaciens*）和肺炎克雷伯氏菌（*Klebsiella pneumoniae*）。随后，构建了综合的棘腹蛙皮肤 cDNA 文库，并对其进行了测序，以分离出与抗病原菌相关的功能基因，特别是抗菌肽。这一分析初步揭示了棘腹蛙的抗菌机制，并为今后抗菌肽的研究提供了有价值的信息。

第二节　棘腹蛙皮肤分泌物抗菌活性

实验材料为棘腹蛙、沼水蛙、黑斑蛙和中国林蛙。在人工水系统（20℃）中繁殖，从孵化到性成熟（约 18 个月）。生长成熟的蛙被用于皮肤分泌物采集和总 RNA 提取。

一、皮肤分泌物搜集

通过对蛙皮肤进行温和的电刺激（条件设置：5ms 脉冲宽度，50Hz，5V）后，分别搜集棘腹蛙、沼水蛙、黑斑蛙和中国林蛙的皮肤分泌物（使用铂电极在湿润的蛙背部皮肤表面上摩擦 10s）。随后，这些青蛙以健康状态被放回人工水

系统中继续繁殖。来自同一物种的皮肤分泌物汇集在一起后冷冻在液氮中，并在
−80℃保存，直到使用。

二、皮肤分泌物抗菌实验

从野生型棘腹蛙皮肤中分离得到枯草芽孢杆菌、产吲哚金黄杆菌、大肠杆
菌、腐败希瓦氏菌、肺炎克雷伯氏菌，并保存在重庆市珍稀濒危水产资源保护与
开发研究中心（重庆文理学院）。分泌物对细菌的最低抑制浓度（MICs）用标准
微量稀释法测定，测定过程使用 96 孔微量滴定板。即，用孔径 $0.45\mu m$ 滤膜对
分泌物进行消毒，然后用考马斯亮蓝法（Bradford 法）计算浓度。分泌物用水解
酪蛋白（Mueller Hinton，MH）肉汤依次稀释至 0、0.125、0.25、0.5、1、2、
4、8、16、32、64mg/mL。取 $50\mu L$ 样品加入至各个孔中，并与 $50\mu L$ 对数期细
菌培养液（1×10^6 CFU/mL）进行混合。在 37℃下孵育 18h 后，用微升平板记
录仪器测定每个样品在 600nm 处的吸光度。

三、皮肤分泌物抗菌效果

两栖动物的皮肤分泌物作为先天免疫系统（IIS）的重要组成部分，在大多
数环境中具有抵抗细菌、真菌和病毒感染的能力（Zhao et al.，2014）。由于居
住环境的多样性，不同来源的两栖动物皮肤分泌物的抑菌活性存在显著差异。
Lai 等（2002）发现，在对大肠杆菌、金黄色葡萄球菌、绿脓杆菌和巨大双歧杆
菌的抗性方面，大蹼铃蟾（*Bombina maxima*）的皮肤分泌物的抗菌活性明显优
于红瘰疣螈（*Tylototriton verrucosus*）、黑斑蛙、泽蛙（*Fejervarya limnochar-
is*）和沼水蛙。本研究比较了黑斑蛙、沼水蛙、中国林蛙和棘腹蛙皮肤分泌物的
抗菌活性。结果表明，棘腹蛙皮肤分泌物对大多数细菌的抗菌效果优于黑斑蛙、
中国林蛙、和沼水蛙，尤其是对腐败希瓦氏菌和枯草芽孢杆菌抑菌效果较好，最
低抑菌浓度（MIC）分别为 2mg/mL 和 4mg/mL（表 1-1）；对大肠杆菌和肺炎
克雷伯氏菌的抗菌活性明显弱于其他 3 种蛙。棘腹蛙通常栖息在清澈的溪流中，
隐藏在非常适宜枯草芽孢杆菌繁殖的死土覆盖层中。因此，栖息环境迫使棘腹蛙
进化出更强的抗枯草芽孢杆菌的抗菌活性。枯草芽孢杆菌作为革兰氏阳性菌，对
各类化学抗生素具有很高的耐药性，比如青霉素对其抑制浓度高达 $50\mu g/mL$，
因此，棘腹蛙皮肤分泌物具有开发成有效抗菌药物的潜力。腐败希瓦氏菌是一种
首先从海洋环境中分离出来的革兰氏阴性细菌，也是与腐烂鱼臭味相关的生物体
之一（Durdu et al.，2012）。研究结果表明，与其他 3 种蛙的分泌物相比，棘腹
蛙皮肤分泌物对腐败希瓦氏菌的抗菌活性最高（表 1-1），其中存在的抗菌肽对
腐败希瓦氏菌和枯草芽孢杆菌具有一定的抑制作用。

表 1-1　不同蛙类皮肤分泌物对常见病原菌的最低抑菌浓度（MIC）

单位：mg/mL

病原菌	黑斑蛙	中国林蛙	沼水蛙	棘腹蛙
肺炎克雷伯氏菌	16.0	16.0	8.0	16.0
产吲哚金黄杆菌	8.0	16.0	8.0	8.0
腐败希瓦氏菌	16.0	32.0	16.0	2.0
大肠杆菌	8.0	16.0	4.0	16.0
枯草芽孢杆菌	8.0	16.0	8.0	2.0

现有充分的证据表明，一些多肽（如抗菌肽）是皮肤分泌的主要功能成分（Liu et al.，2012）。尽管抗菌肽对先天免疫的作用极其重要，但抗菌肽的研究历史不过半个世纪；迄今为止，抗菌肽已在几乎所有动物物种中被鉴定和分离，而来源于两栖动物的抗菌肽数量最多，需要更深入的研究。例如，Conlon 等（2004）描述了来自美国亚利桑那州南部和中部不同地区的豹蛙（*Lithobates chiricahuensis*）皮肤分泌物中 6 个抗菌肽的特征。

第三节　棘腹蛙皮肤转录组测序

一、RNA 提取、文库构建和测序

首先对棘腹蛙（性别未知，5R）用温和的电刺激（5ms 脉冲宽度，50Hz，5V）30min，然后立即处死，剪去其背部的皮肤。每个个体取背部皮肤组织 0.5g 左右提取总 RNA。按照说明书使用 Trizol 试剂（Invitrogen，加利福尼亚，美国）分离总 RNA，并使用无 RNA 酶的 DNA 酶 I（宝生物，大连）处理。通过 SMA 3000 和/或 Agilent 2100 生物分析仪检测 RNA 样品的纯度、浓度和 RNA 完整值（RIN）。然后将合格的总 RNA 送到诺禾致源公司（北京）进行 RNA 测序。以超过 20μg 的总 RNA 构建 cDNA 文库。RNA 测序采用 Illumina Hiseq 2000 测序平台双末端 100bp（读长 reads）进行测序。

二、从头合成组装改进

使用 fastQC 软件测序质量评估，然后借助不同的组装包对双末端（PE）进行从头组装，如 Trinity software - package（v2013 - 02 - 25）使用默认参数，Oases software - package（v0.1.21）使用 K27 或 K29，Edenam software - package（v2013 - 07 - 15）使用 M55 或 M59，SOAPdenovo software - package（v2013 - 07 - 15）使用 K38P8 或 K45P4，以及 Cap3software - package（v12.07.21）。整个

PE reads（双末端读长）被对比至相应的叠连群（contigs）数据库，以便通过 Bowtie2 软件（v2.0.0）计算比对率。使用常见的 Perl 脚本分析这些叠连群的长度分布、N50、平均长度、最大长度和总数。此外，还分析了每个叠连群的最佳候选编码序列（CDS）以及包含转录本的长 CDS 与相应长度叠连群的比例。

RNA-Seq 研究的最关键步骤是从头组装，尤其是对于没有基因组信息的物种更为重要（Robertson et al.，2014）。随着高通量测序技术的发展，越来越多的基因组和转录组测序已经完成。然而，大多数已发表的关于转录组从头组装的研究都基于单一组装软件（Altincicek et al.，2013）。本研究中，比较了 Trinity、Osease、SOAPdenovo、Edena 和 Cap3 共 5 个组装软件的组装质量，然后选择了一个最优的组合策略来构建棘腹蛙的转录组数据库。不同的组装产生不同的 N50 值。使用 Trinity、Cap3、Edena、Oases 和 SOAPdenovo 组装的叠连群的 N50（叠连群≥300bp）长度分别为 2 257bp、2 863bp、1 586bp、2 134bp 和 1 864bp（表 1-2）。不同的组装软件使用不同的算法，例如 Edena assembler 基于传统的 OLC 法，而 Oases 和 SOAPdenovo assembler 基于 de Bruijn 图形法（Duan et al.，2012）。对于某一物种，这些不同的算法既有优点也有缺点。在今后的组装工作中，必须考虑到不同物种在这方面的差异，进而选择更合适的组装软件。然而，无论是 Trinity 还是其他组装软件都不能单独获得令人满意的组装结果。对于德氏三鳍鳚（*Tripterygion delaisi*）的从头组装，Schunter 等（2014）发现，就平均而言，通过 trinity 程序组装，76% 的单个样本读长映射回参考序列，这意味着在装配过程中超过 20% 的读长无法被有效使用。本研究从棘腹蛙皮肤转录组中获得 76 891 848 个原始读长，经质量控制后获得 63 486 952 份干净的读长。读长的利用率进一步从 0.83 提高到 0.92。此外，一些研究人员还建议，结合两种或更多的测序方法，如 Illumina 测序和 454 测序，可以获得更满意的组装效果（Ong et al.，2012）。

表 1-2　不同组装软件组装的 contigs 特征

组装软件	转录本数量			N50/bp	平均长度/bp	总长度/M bp	最大长度/bp	匹配率/%	准确度	灵敏度
	≥300bp	≥600bp	≥1 200bp							
SOAP*denovo*K38p8	189 382	49 071	20 341	1 836	786.5	149.6	14 108	88.6	0.71	0.64
SOAP*denovo*K45p4	147 150	53 992	20 371	1 864	809.7	120.5	14 108	85.7	0.72	0.61
OasesK27	69 853	42 385	31 597	2 016	1 286.8	89.9	15 639	86.8	0.80	0.78
OasesK29	74 236	49 636	26 927	2 134	1 192.1	88.2	15 639	82.1	0.73	0.76
Edenam55	130 283	42 734	23 482	1 283	1 004.6	120.9	9 567	82.2	0.68	0.72
Edenam59	157 824	46 809	24 637	1 586	957.6	151.2	9 567	86.3	0.67	0.69
CAP3	30 104	25 008	18 729	2 863	1 827.4	55.3	17 335	61.8	0.92	0.75
Trinity	94 108	52 210	30 024	2 257	1 292.0	121.6	17 335	92.2	0.90	0.86

到目前为止，还没有规定的标准来评价转录组组装结果的质量。研究人员主要通过观察长度分布来评估组装质量（Verma et al.，2013）。分析优化后的叠连群数据库的长度分布，发现长度在300bp以上的叠连群有94 108个，平均长度为1 292.6bp，最大长度为17 735bp，总数为121 644 048bp。此外，有52 210个叠连群长度≥600bp，30 024个叠连群长度≥1 200bp（图1-1）。另外，评估每个转录本中所含开放阅读框（ORF）的长度分布是另一项重要标准（Roulin et al.，2014；Tao et al.，2013）。在本研究的数据集中，发现了37 286个ORFs长度≥300bp，25 260个ORFs长度≥600bp，19 588个ORFs长度≥900bp和14 548个ORFs长度≥1 200bp（图1-1）。除了长度分布之外，还使用许多指标来评估组装质量。由于缺少棘腹蛙的基因组资源，本研究从GenBank下载了带有全长CDS的mRNAs作为参考序列。Trinity测得的转录组的灵敏度和准确度分别达到0.90和0.86，显著高于Cap3、Oases和SOAPdenovo获得的结果（表1-2）。以上结果表明，Trinity最适合棘腹蛙转录组的组装。

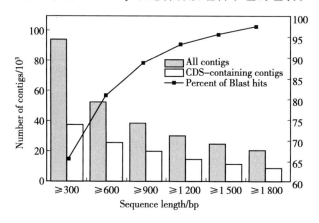

图1-1　注释率与长CDS包含序列比例

注：有94 108个叠连群被用于比对（BLASTX）搜索。x轴表示叠连群长度的范围。垂直直方图中显示的最终组装叠连群的大小分布（黑色）和长CDS包含叠连群的数量（白色）对应于左y轴。以方块形显示的是BLASTX匹配大小分组的叠连群的百分比。

三、棘腹蛙转录组的总体分子特征

新一代测序技术为转录本GC含量的分析提供了机会，并扩展了分子标记的范围，如简单重复序列（SSR）。GC含量提供基因和基因组组成的重要信息，包括进化、基因结构（内含子大小和数量）和基因调控等，且是DNA稳定性的指标（Chen et al.，2013）。

所有的转录本基于Galaxy网站（http：//main.g2.bx.psu.edu/）上的EMBOSS程序进行GC百分含量统计。结果表明，共有长度≥600bp的开放阅读框 25 260 个，其编码区 GC 含量为 47.67%。此外，结果显示，这些编码区中密码子的不同位置具有不同的 GC 含量。例如，第一个密码子位置的 GC 含量占 53.42%，而其他两个位置的 GC 含量分别为 40.93% 和 48.65%（数据未显示）。这种在棘腹蛙转录组密码子不同位置的 GC 分布，可作为区分不同两栖动物的参考。在本研究中，还分析了 25 260 个 ORFs 的密码子使用情况，发现编码相同氨基酸的密码子在棘腹蛙中的使用频率不同。例如，在 3 个终止密码子（TAA，TAG，TGA）中，最常见的终止密码子是 TAG，占所有 ORF 的 56.2%，其次是 TAA（25.0%），TGA 最不常见（18.8%）。

　　SSR 具有诊断和功能意义，通常与功能和表型变异有关。SSRs 在本质上是多等位的、可复制的、高度丰富的，广泛覆盖于基因组并表现出共显性遗传。转录组 SSR 标记具有较高的种间转移能力（Gao et al.，2013）。由于基因组数据的限制，EST 数据库越来越多地被筛选用于开发基因 SSRs（Du et al.，2013）。在本研究中，使用 SSR 识别工具（MISA，http：//pgrc.ipkgatersleben.de/misa/misa.html）在皮肤转录组数据库中搜索 SSRs。参数设置为二核苷酸、三核苷酸、四核苷酸、五核苷酸和六核苷酸重复，长度至少为 18bp。

　　总共鉴定出 3 165 个潜在的 cDNA 源 SSRs（cSSRs），分布在 3 034 个叠连群中。其中，44 个为复合 cSSRs，112 个包含 1 个以上 cSSRs（表 1 - 3）。单核苷酸重复出现频率最高（925 叠连群，29.2%），其次是三核苷酸（808 叠连群，25.5%）和二核苷酸（695 叠连群，22.0%）。在这些 cSSRs 中，A/T 基序出现频率最高（27.2%），其次是 AG/CT（13.8%）和 AGG/CCT（5.81%）（图1-2）。本研究中，SSR 基序的出现结果与蛙科相似，但与其他物种的分布不同（Zhang et al.，2012）。Thiel 等（2003）研究发现，3%～7% 的表达基因包含推定的 SSR 基序。结果表明，皮肤样本的 SSR 密度为 3.4%，与 Thiel 的结论相一致。然而，目前尚未有相关遗传图谱的报道，且可获得的棘腹蛙 SSR 标记较少。对棘腹蛙的 SSRs 基因进行鉴定，有助于区分近缘个体，为丰富和分析两栖类基因库的变异提供有用的标准。

表 1 - 3　简单重复序列（SSR）搜索结果汇总

项目	数量
叠连群数	94 108
文库大小（bp）	121 644 048
简单重复列数	3 165
简单重复序列密度（Mbp）	26
简单重复序列密度（叠连群）	0.034
简单重复序列含有的叠连群	3 034

（续）

项目	数量
含有 1 个以上的简单重复序列	112
简单重复序列形成的化合物	44

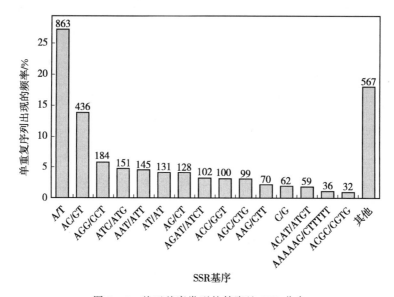

图 1-2 基于基序类型的棘腹蛙 SSR 分布

注：共对 94 108 个序列进行了 cDNA 源 SSRs（cSSRs）搜索，共鉴定出 355 个独特的基序类型。

四、功能注释

利用本地 ncbi-blast 软件（v2.2.29+）基于 Genebank 下载的 Nr 数据库对 Trinity 软件包产生的所有叠连群（≥300bp）进行相似性搜索。对于 BLASTX 搜索，阈值设置为 E-value<10^{-3}，最大目标序列设置为 10，输出文件格式设置为 xml。随后将 BLASTX 结果导入 Blast2GO 软件（v2.6.7），进行局部功能标注。获得了酶编码、基因本体（GO）、京都基因和基因组百科全书（KEGG）通路和叠连群的互作信息。利用 WEGO 程序（http：//wego. genomics. org. cn/cgibin/wego/index. pl）实现 GO 分类。

利用本地安装的 BLAST 程序对 Nr 数据库进行序列相似度搜索，使用 e 值阈值为 10^{-3} 的 BLASTX 算法进行功能标注。在 94 108 条叠连群（≥300bp）中，37 693 条（40.1%）叠连群被 BLASTX hits 注释（数据未显示）。由于目前尚未获得棘腹蛙的基因组序列，有 56 396 条（59.8%）叠连群无法匹配任何已知序列。然而，这些叠连群很可能是非编码区或新的潜在基因。此外，在 37 693 个叠连群中有 21 013 个叠连群（55.7%）与非洲爪蟾（*Xenopus laevis*）显示强烈的相似性，5 997（15.9%）与非洲爪蟾相似，但在此研究中，只有不到 1 000 个叠连群与蛙科同源性最高（数据未显示），这意味着 Nr 数据库中蛙科的蛋白信息仍相当缺乏。

将 GO 和 KEGG 注释与 BLASTX 结果相结合，为每个转录本提供全面的功能信息。为每个查询序列搜索相关的匹配记录（hit），分别获得其相应的 GO、KEGG 和 Enzyme Commission Codes（EC），并选择得分最高的匹配记录。GO 条目来源于动态控制词汇或本体，可用于描述基因和基因产物的功能。总共从 26 924 个转录本中得到了 202 228 个 GO 注释。这些基因被分为三大类（图 1-3），即细胞成分、生物过程和分子功能，GO-slims 提供了一个广泛概述本体的内容。类似的结果也在紫贻贝（*Mytilus edulis*）、鲢（*Hypophthalmichthys molitrix*）、野猪（*Sus scrofa*）中发现（Bauersachs et al.，2012）。如预期所料，大量的转录本参与了刺激反应（3 912 个 contigs）和发育过程（6 501 个 contigs），这与热带爪蟾（*Xenopus tropicalis*）和大蹼铃蟾转录组的结果一致（Tan et al.，2013）。

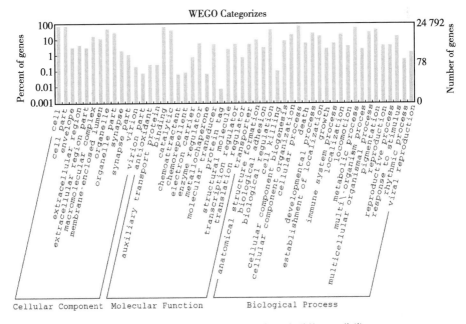

图 1-3　棘腹蛙转录组中的所有叠连群的 GO 分类

注：如 x 轴所示，这些叠连群被划分为 3 个主要类别：细胞成分、分子功能和生物过程（从左到右），其中细胞成分包括细胞、细胞的部分、包膜、细胞外区域、细胞外区域的部分、大分子复合物、膜封闭腔、细胞器的部分、突触、突触的部分、病毒粒子、病毒粒子的部分；分子功能包括抗氧化剂、辅助运输蛋白、结合活性、催化活性、趋化因子、化学排斥物、电子载体、酶调节剂、金属伴侣蛋白、分子传感器、蛋白标签、结构分子、转录调节剂、翻译调节剂、运输蛋白；生物过程包括解剖结构形成、生物黏附、生物调节、细胞杀伤、细胞组分发生、细胞组分组织化、细胞过程、凋亡、发育过程、定位建立、生长、免疫系统过程、定位、移动、代谢过程、多机体过程、多细胞机体过程、色素沉着、繁殖、繁殖过程、刺激响应、节律过程、病毒复制。左 y 轴表示带注释的叠连群所占比分的比，右 y 轴表示带注释的叠连群的数量。

6 658 个组装序列被分配到了 912 个独特酶编码（ECs），获得了最佳 EC 分类，而相关的 KEGG 分类覆盖了 129 条通路。表 1-4 列出了棘腹蛙转录组中最丰富的 20 个酶类。有趣的是，大量组装的转录本与酶调节活性有关（1 411 个叠连群）。除此之外，组装的转录组序列中代表性的前 10 个 KEGG 途径依次是嘌呤代谢（555 个叠连群），其次是磷脂酰肌醇信号系统、肌醇磷酸代谢、嘧啶代谢、甘油磷脂代谢和 T 细胞受体信号通路等。在细胞中，涉及控制免疫耐受、调节干细胞行为和寿命的代谢途径表现出最高的转录本数量。这一结果与上述 GO 注释的结果以及已发表的转录组报告一致（Procaccini et al.，2012）。正如在热带爪蟾中所发现的许多同源基因被鉴定为人类疾病基因（Hellsten et al.，2010）。研究中发现了许多与疾病相关的转录本，包括亨廷顿病、阿尔茨海默病和帕金森病等。这些数据将有助于研究具体的过程、途径，特别是棘腹蛙皮肤免疫应答过程中免疫相关蛋白和抗菌肽。

表 1-4　棘腹蛙皮肤前 20 位高表达酶

转录本	酶名称	酶编号	长度	表达值
contig_25658	苹果酸脱氢酶 1	EC：1.1.1.37	1 425	237.62
contig_25863	过氧物酶	EC：1.11.1.7	1 411	318.16
contig_39385	铁氧化酶	EC：1.16.3.1	864	4 014.35
contig_31045	甘油醛-3-磷酸脱氢酶	EC：1.2.1.12	1 157	2 216.31
contig_19446	L-氨基酸氧化酶	EC：1.4.3.2	1 847	603.07
contig_1864	泛醌还原酶（NADH）	EC：1.6.5.3	6 144	534.73
contig_41753	细胞色素 c 氧化酶	EC：1.9.3.1	801	3 199.62
contig_27936	乙基-DNA-（蛋白质）-半胱氨酸 S-甲基转移酶	EC：2.1.1.63	1 296	1 481.22
contig_8597	蛋白-谷氨酰胺-γ-谷氨酰转移酶	EC：2.3.2.13	3 211	251.92
contig_20664	丙酮酸激酶	EC：2.7.1.40	1 754	247.74
contig_26515	促分裂原活化蛋白激酶	EC：2.7.11.24	1 374	269.07
contig_48358	二磷酸核苷激酶	EC：2.7.4.6	661	1 565.24
contig_16879	蛋白质酪氨酸磷酸酶	EC：3.1.3.48	2 065	300.40
contig_14952	N-酰基-脂肪酸-L-氨基酸酰胺水解酶	EC：3.5.1.14	2 264	383.91
contig_16211	腺苷三磷酸酶	EC：3.6.1.3	2 131	2 192.55
contig_55072	二磷酸肌醇-多磷酸盐二磷酸酶	EC：3.6.1.52	558	1 938.23
contig_18701	鸟氨酸脱羧酶	EC：4.1.1.17	1 907	546.54
contig_39247	DNA-（无嘌呤或无嘧啶位点）裂解酶	EC：4.2.99.18	867	2 246.48
contig_34913	肽基脯氨酰异构酶	EC：5.2.1.8	1 010	223.85
contig_17819	蛋白质二硫键异构酶	EC：5.3.4.1	1 982	454.82

五、先天免疫系统相关基因识别

先天免疫系统（IIS）是两栖类动物对抗各种感染因子的第一道防线（Zhao et al.，2014）。其中，Toll 样受体（Toll-like receptors，TLRs）家族作为免疫系统的一种必需分子，在响应外界刺激方面发挥着重要作用。TLRs 以果蝇（*Drosophila*）Toll 基因命名，被认为是昆虫对哺乳动物先天免疫反应的主要媒介（Luo et al.，2000）。基于从头转录组测序和分析，识别了 9 967 个参与各种免疫系统过程的转录本。在这 9 967 个转录本中，在棘腹蛙皮肤中总共鉴定了 26 个转录本和至少 9 个不同的 TLRs，包括 TLR1、TLR2、TLR3、TLR5、TLR6、TLR7、TLR8、TLR13 和 TLR21（表 1-5）。在哺乳动物中，脂肽衍生物（LPS）可与 TLR1 家族和 TLR2 异二聚体的不同成员结合，Abrudan 等（2013）发现 TLR2 与肽聚糖结合形成缀合蛋白质（PGRP），PGRP 可激活 TLRs 信号通路从而参与抵御细菌的入侵。TLR2 是 TLRs 信号通路中的重要分子之一。在 LPS 结合蛋白（LBP）和 CD14 存在的情况下，TLR2 也能结合 LPS，进而在人体内诱导核因子（NF）-KB 激活（Ranoa et al.，2013）。在棘腹蛙中，脂蛋白和肽聚糖也可以诱导 TLRs 信号通路，如预测的通路图所示（图 1-4）。当微生物作为抗原进入与 TLRs 接触时，黏膜上皮细胞可被激活以保护宿主，并通过分泌细胞因子提醒底层组织的其他细胞注意（Ranoa et al.，

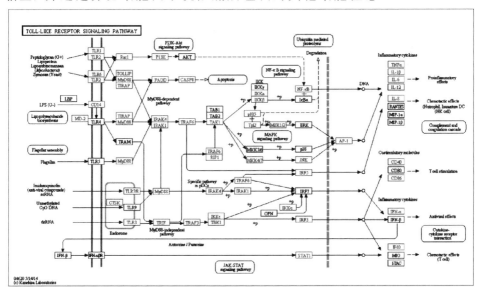

图 1-4　棘腹蛙中 TLRs 激活的信号通路

注：KEGG 通路标记（KO04 620）预测了棘腹蛙的可能的 TLRs 通路。在转录组中明确识别出了图上的红色基因。

2013)。此外，Pioli 等（2004）发现，这些受体在不同的器官中有不同的表达，反映了微生物暴露的差异。使用 qRT－PCR 检测 *TLR1* 和 *TLR2* 的表达，然后发现 *TLR1* 和 *TLR2* 在肝脏中表达出现最高峰值，在皮肤中表达较低（图 1-5）。

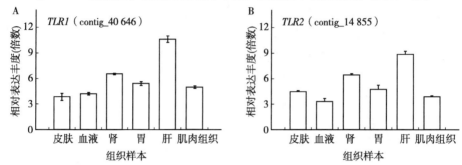

图 1-5 *TLR1*（A）和 *TLR2*（B）在不同组织中的表达水平

注：以皮肤、血液、肾、胃、肝和肌肉组织为样本，采用相对定量 PCR 方法分析 *TLR1* 和 *TLR2*。

  细胞因子网络是一种重要的体内平衡系统，在免疫监视、发育、生长和修复过程中具有显著活性。细胞因子的重要作用是控制免疫反应（Kaisho et al.，2006）。在棘腹蛙的皮肤转录组数据中，鉴定了 21 种白细胞介素（Interleukin，IL）（表 1-6），包括 IL1、IL3、IL17、IL22 和 IL34 等。白细胞介素是由多种细胞产生并作用于多种细胞的一类细胞因子（分泌蛋白和信号分子），最初被发现时是由白细胞表达的（Brocker et al.，2010）。通常，免疫系统的功能在很大程度上依赖于白细胞介素。它们可以促进 B 淋巴细胞、T 淋巴细胞和造血细胞的发育和分化（Ben Menachem-Zidon et al.，2011）。在棘腹蛙中没有发现参与适应性免疫系统（AIS）杀菌活性的 IL-2 转录本，而 IL-7 和 IL-34 受体却被鉴定发现。

  另一种古老而保守的细胞因子是免疫系统中的巨噬细胞迁移抑制因子（Macrophage Migration Inhibitory Factor，MIF）。本研究鉴定了 2 个全长的 MIF 转录本（contig_49 684 360bp 和 contig_53 834 345bp），它们与美国牛蛙（*Lithobates catesbeianus*）、非洲爪蟾、斑胸草雀（*Taeniopygia guttata*）和人类的 MIF 序列非常相似。从无脊椎动物到脊椎动物，MIF 在所有类群中都是保守的，是 IIS 的重要媒介（Jantra et al.，2011）。

  此外，还发现了几种抗氧化酶在耐受氧化应激中发挥重要作用，包括过氧化物氧还蛋白（Prx）、超氧化物歧化酶（SOD）、谷胱甘肽过氧化物酶（GPx）、过氧化氢酶（CAT）和硫氧还蛋白（Trx）。这些酶具有基本的催化机制，具有介导细胞增殖、分化和凋亡、免疫细胞毒性、抗氧化和抗病毒活性等多种生物学功能。结合 GO 注释，这些转录本为探索棘腹蛙兴趣基因提供了潜力。此数据展示了棘腹蛙的综合序列资源，为棘腹蛙的功能基因组学和药理活性研究提供了基础。

表 1 - 5　棘腹蛙皮肤 Toll 样受体(TLRs)转录本分析

序列序号	序列名称	序列长度	注释描述	注释编号	置信值	相似度	分值	对齐长度	正向序号
contig_8654	toll - like receptor 5 (TLR5)	3 198	gi｜148223862｜ref｜NP_001088449.1｜toll - like receptor 5 [Xenopus laevis] >gi｜54311443｜gb｜AAH84773.1｜LOC495313 protein [Xenopus laevis]	NP_001088449	0	73	785.023	730	533
contig_9790	toll - like receptor 6 - like (TLR6L)	2 979	gi｜301618600｜ref｜XP_002938695.1｜PREDICTED: toll - like receptor 6 - like isoform X1 [Xenopus (Silurana) tropicalis] >gi｜512814128｜ref｜XP_004910986.1｜PREDICTED: toll - like receptor 6 - like isoform X2 [Xenopus (Silurana) tropicalis] >gi｜512814132｜ref｜XP_004910987.1｜PREDICTED: toll - like receptor 6 - like isoform X3 [Xenopus (Silurana) tropicalis]	XP_002938695	0	73	801.971	761	563
contig_14855	toll - like receptor 2 - like (TLR2L)	2 275	gi｜512886052｜ref｜XP_004920451.1｜PREDICTED: toll - like receptor 2 - like isoform X2 [Xenopus (Silurana) tropicalis] >gi｜512886056｜ref｜XP_004920452.1｜PREDICTED: toll - like receptor 2 - like isoform X3 [Xenopus (Silurana) tropicalis] >gi｜512886062｜ref｜XP_004920453.1｜PREDICTED: toll - like receptor 2 - like isoform X4 [Xenopus (Silurana) tropicalis] >gi｜512886068｜ref｜XP_002943095.2｜PREDICTED: toll - like receptor 2 - like isoform X1 [Xenopus (Silurana) tropicalis]	XP_004920451	0	79	868.996	701	556

（续）

序列序号	序列名称	序列长度	注释描述	注释编号	置信值	相似度	分值	对齐长度	正向序号
contig_16446	toll - like receptor 5 - like （TLR5L）	2 106	gi|512835492|ref|XP_002937550.2|PREDICTED: toll - like receptor 5 - like [Xenopus (Silurana) tropicalis]	XP_002937550	0	72	569.311	629	456
contig_16758	toll - like receptor 7 （TLR7）	2 076	gi|188528915|ref|NP_001120883.1|toll - like receptor 7 [Xenopus (Silurana) tropicalis] >gi|183986344|gb|AAI66280.1| tlr7 protein [Xenopus (Silurana) tropicalis]	NP_001120883	0	80	577.015	418	338
contig_17780	toll - like receptor 7 （TLR7）	1 984	gi|188528915|ref|NP_001120883.1|toll - like receptor 7 [Xenopus (Silurana) tropicalis] >gi|183986344|gb|AAI66280.1| tlr7 protein [Xenopus (Silurana) tropicalis]	NP_001120883	0	79	756.133	611	488
contig_19610	toll - like receptor 2 - like （TLR2L）	1 834	gi|512831529|ref|XP_004913190.1|PREDICTED: uncharacterized protein LOC101733367 [Xenopus (Silurana) tropicalis]	XP_004913190	1.64E-138	69	436.417	451	315
contig_19695	toll - like receptor 2 type - 2 - like isoform x1 （TLR2 - 2L - x1）	1 828	gi|301607898|ref|XP_002933537.1|PREDICTED: toll - like receptor 2 type - 2 - like isoform X1 [Xenopus (Silurana) tropicalis] > gi|512816016|ref|XP_004911207.1| PREDICTED: toll - like receptor 2 type - 2 - like isoform X2 [Xenopus (Silurana) tropicalis]	XP_002933537	1.67E-151	68	467.618	535	369

（续）

序列序号	序列名称	序列长度	注释描述	注释编号	置信值	相似度	分值	对齐长度	正向序号
contig_21214	toll-like receptor 2-like (TLR2L)	1 713	gi|512831529|ref|XP_004913190.1|PREDICTED: uncharacterized protein LOC101733367 [Xenopus (Silurana) tropicalis]	XP_004913190	8.10E-139	69	435.647	451	315
contig_21391	toll-like receptor 3 (TLR3)	1 698	gi|512816307|ref|XP_002934448.2|PREDICTED: toll-like receptor 3 [Xenopus (Silurana) tropicalis]	XP_002934448	7.98E-169	72	514.227	524	378
contig_27765	toll-like receptor 2 type-2-like (TLR2-2L)	1 306	gi|301607898|ref|XP_002933537.1|PREDICTED: toll-like receptor 2 type-2-like isoform X1 [Xenopus (Silurana) tropicalis] > gi|512816016|ref|XP_004911207.1|PREDICTED: toll-like receptor 2 type-2-like isoform X2 [Xenopus (Silurana) tropicalis]	XP_002933537	1.39E-111	86	357.451	239	207
contig_30877	toll-like receptor 13-like (TLR13L)	1 165	gi|512857233|ref|XP_002936443.2|PREDICTED: toll-like receptor 13-like [Xenopus (Silurana) tropicalis]	XP_002936443	4.71E-64	67	230.335	300	203
contig_31392	toll-like receptor 3 (TLR3)	1 144	gi|512816307|ref|XP_002934448.2|PREDICTED: toll-like receptor 3 [Xenopus (Silurana) tropicalis]	XP_002934448	2.40E-144	78	443.736	325	256
contig_40646	toll-like receptor 1 (TLR1)	831	gi|512814136|ref|XP_002938702.2|PREDICTED: toll-like receptor 1-like [Xenopus (Silurana) tropicalis]	XP_002938702	2.30E-105	84	334.724	226	190

（续）

序列序号	序列名称	序列长度	注释描述	注释编号	置信值	相似度	分值	对齐长度	正向序号
contig_41188	toll-like receptor 13-like (TLR13L)	816	gi|512857233|ref|XP_002936443.2|PREDICTED: toll-like receptor 13-like [Xenopus (Silurana) tropicalis]	XP_002936443	4.53E-88	91	291.967	169	155
contig_42213	toll-like receptor 8 (TLR8)	790	gi|301608571|ref|XP_002933859.1|PREDICTED: toll-like receptor 8 [Xenopus (Silurana) tropicalis]	XP_002933859	4.12E-66	72	231.491	219	159
contig_43818	toll-like receptor 1 (TLR1)	752	gi|530585323|ref|XP_005286447.1|PREDICTED: toll-like receptor 1 [Chrysemys picta bellii]	XP_005286447	6.36E-60	68	208.764	250	170
contig_46327	toll-like receptor 8-like (TLR8L)	699	gi|512825427|ref|XP_004912402.1|PREDICTED: toll-like receptor 8-like [Xenopus (Silurana) tropicalis]	XP_004912402	4.85E-70	76	241.506	212	162
contig_58614	sushi domain containing 4 (TLR5P)	516	gi|118403548|ref|NP_001072359.1| toll-like receptor 5 precursor [Xenopus (Silurana) tropicalis] >gi|111308103|gb|AAI21459.1| toll-like receptor 5 [Xenopus (Silurana) tropicalis]	NP_001072359	3.50E-72	89	235.728	157	140
contig_61398	toll-like receptor 5 (TLR5)	486	gi|301622851|ref|XP_002940742.1|PREDICTED: toll-like receptor 5-like [Xenopus (Silurana) tropicalis]	XP_002940742	2.50E-20	62	97.0561	116	72

（续）

序列序号	序列名称	序列长度	注释描述	注释编号	置信值	相似度	分值	对齐长度	正向序号
contig_63598	toll - like receptor 21 (TLR21)	466	gi|301613921|ref|XP_002936443.1|PREDICTED: toll - like receptor 8 - like [Xenopus (Silurana) tropicalis]	XP_002936443	1.06E - 40	75	154.836	153	116
contig_70433	toll - like receptor 8 (TLR8)	413	gi|301608571|ref|XP_002933859.1|PREDICTED: toll - like receptor 8 - like [Xenopus (Silurana) tropicalis]	XP_002933859	1.50E - 43	93	162.54	93	87
contig_71174	toll - like receptor 8 (TLR8)	408	gi|301608571|ref|XP_002933859.1|PREDICTED: toll - like receptor 8 - like [Xenopus (Silurana) tropicalis]	XP_002933859	3.55E - 48	79	175.637	135	107
contig_77680	toll - like receptor 21 (TLR21)	368	gi|301613921|ref|XP_002936443.1|PREDICTED: toll - like receptor 8 - like [Xenopus (Silurana) tropicalis]	XP_002936443	1.46E - 38	74	147.517	122	91
contig_78636	toll - like receptor 8 (TLR8)	363	gi|301608571|ref|XP_002933859.1|PREDICTED: toll - like receptor 8 - like [Xenopus (Silurana) tropicalis]	XP_002933859	1.29E - 40	83	153.68	95	79
contig_86281	toll - like receptor 2 type 1 - like (TLR2 - 1L)	328	gi|301627883|ref|XP_002943096.1|PREDICTED: toll - like receptor 10 - like [Xenopus (Silurana) tropicalis]	XP_002943096	3.85E - 13	64	73.944 2	82	53

表1-6 棘腹蛙皮肤编码白细胞介素和白细胞介素受体的转录本

序列序号	序列名称	序列长度	注释描述	注释编号	置信值	相似度	分值	对齐长度	正向序号
contig_10120	interleukin-20 receptor subunit beta-like (IL-20R-βL)	2 924	gi|512866592|ref|XP_004917829.1|PREDICTED: interleukin-20 receptor subunit beta isoform X2 [Xenopus (Silurana) tropicalis]	XP_004917829	1.63E-47	53	182.956	303	163
contig_10373	interleukin 10 beta precursor (IL-10-βP)	2 879	gi|284521656|ref|NP_001165294.1|interleukin 10 receptor, beta precursor [Xenopus (Silurana) tropicalis] >gi|256860246|gb|ACV32141.1| IL-10R2 [Xenopus (Silurana) tropicalis]	NP_001165294	3.48E-77	64	265.388	288	185
contig_10396	single ig il-1-related receptor (IL-1R)	2 877	gi|512833515|ref|XP_004913459.1|PREDICTED: single Ig IL-1-related receptor isoform X2 [Xenopus (Silurana) tropicalis] >gi|512833519|ref|XP_004913460.1| PREDICTED: single Ig IL-1-related receptor isoform X3 [Xenopus (Silurana) tropicalis] >gi|512833523|ref|XP_002937693.2| PREDICTED: single Ig IL-1-related receptor isoform X1 [Xenopus (Silurana) tropicalis]	XP_004913459	0	82	573.933	397	326
contig_11038	interleukin enhancer-binding factor 3 (IL-EBF3)	2 780	gi|54020805|ref|NP_001005648.1|interleukin enhancer-binding factor 3 [Xenopus (Silurana) tropicalis] >gi|82183774|sp|Q6GL57.1|ILF3_XENTR RecName: Full=Interleukin enhancer-binding factor 3 >gi|49257941|gb|AAH74653.1| interleukin enhancer binding factor 3, 90kDa [Xenopus (Silurana) tropicalis]	NP_001005648	0	86	635.565	517	445

（续）

序列序号	序列名称	序列长度	注释描述	注释编号	置信值	相似度	分值	对齐长度	正向序号
contig_11043	interleukin-27 receptor subunit alpha isoform x4 (IL-27R-αx4)	2 780	gi|512877251|ref|XP_004919206.1|PREDICTED: interleukin-27 receptor subunit alpha [Xenopus (Silurana) tropicalis]	XP_004919206	3.83E-75	52	265.388	472	246
contig_11141	interleukin-1 receptor-associated kinase 1 (IL-1R-K1)	2 766	gi|55742146|ref|NP_001006713.1|interleukin-1 receptor-associated kinase 1 [Xenopus (Silurana) tropicalis] > gi|49522582|gb|AAH75439.1| interleukin-1 receptor-associated kinase 1 [Xenopus (Silurana) tropicalis]	NP_001006713	1.08E-172	75	531.176	455	343
contig_11153	interleukin enhancer-binding factor 3 (IL-EBF3)	2 764	gi|54020805|ref|NP_001005648.1|interleukin enhancer-binding factor 3 [Xenopus (Silurana) tropicalis] >gi|82183774|sp|Q6GL57.1|ILF3_XENTR RecName: Full=Interleukin enhancer-binding factor 3 >gi|49257941|gb|AAH74653.1| interleukin enhancer binding factor 3, 90kDa [Xenopus (Silurana) tropicalis]	NP_001005648	3.02E-180	87	550.051	416	364
contig_11172	interleukin enhancer-binding factor 3 (IL-EBF3)	2 762	gi|54020805|ref|NP_001005648.1|interleukin enhancer-binding factor 3 [Xenopus (Silurana) tropicalis] >gi|82183774|sp|Q6GL57.1|ILF3_XENTR RecName: Full=Interleukin enhancer-binding factor 3 >gi|49257941|gb|AAH74653.1| interleukin enhancer binding factor 3, 90kDa [Xenopus (Silurana) tropicalis]	NP_001005648	0	87	882.093	702	611

（续）

序列序号	序列名称	序列长度	注释描述	注释编号	置信值	相似度	分值	对齐长度	正向序号
contig_11248	interleukin enhancer-binding factor 3 (IL-EBF3)	2 750	gi|54020805|ref|NP_001005648.1|interleukin enhancer-binding factor 3 [Xenopus (Silurana) tropicalis] >gi|82183774|sp|Q6GL57.1|ILF3_XENTR RecName: Full=Interleukin enhancer-binding factor 3 >gi|49257941|gb|AAH74653.1|interleukin enhancer binding factor 3, 90kDa [Xenopus (Silurana) tropicalis]	NP_001005648	2.61E-180	87	550.051	416	364
contig_11323	interleukin-7 receptor subunit alpha (IL-7R-α)	2 738	gi|530640420|ref|XP_005306973.1|PREDICTED: interleukin-7 receptor subunit alpha [Chrysemys picta bellii]	XP_005306973	6.18E-33	49	143.28	315	156
contig_11692	single ig il-1-related receptor (IL-1R)	2 683	gi|512833515|ref|XP_004913459.1|PREDICTED: single Ig IL-1-related receptor isoform X2 [Xenopus (Silurana) tropicalis] >gi|512833519|ref|XP_004913460.1|PREDICTED: single Ig IL-1-related receptor isoform X3 [Xenopus (Silurana) tropicalis] >gi|512833523|ref|XP_002937693.2|PREDICTED: single Ig IL-1-related receptor isoform X1 [Xenopus (Silurana) tropicalis]	XP_004913459	2.94E-171	86	514.612	330	287
contig_11890	interleukin-13 receptor subunit alpha-1 (IL-13R-α1)	2 654	gi|512859852|ref|XP_004916986.1|PREDICTED: interleukin-13 receptor subunit alpha-1 [Xenopus (Silurana) tropicalis]	XP_004916986	8.00E-58	53	214.542	408	217

（续）

序列序号	序列名称	序列长度	注释描述	注释编号	置信值	相似度	分值	对齐长度	正向序号
contig_12157	interleukin-17 receptor c isoform x7 (IL-17RC-x7)	2 616	gi|512838738|ref|XP_002941718.2|PREDICTED: interleukin-17 receptor C-like [Xenopus (Silurana) tropicalis]	XP_002941718	3.22E-88	54	308.145	554	304
contig_13581	single ig il-1-related receptor (IL-1R)	2 429	gi|512833515|ref|XP_004913459.1|PREDICTED: single Ig IL-1-related receptor isoform X2 [Xenopus (Silurana) tropicalis] >gi|512833519|ref|XP_004913460.1|PREDICTED: single Ig IL-1-related receptor isoform X3 [Xenopus (Silurana) tropicalis] >gi|512833523|ref|XP_002937693.2|PREDICTED: single Ig IL-1-related receptor isoform X1 [Xenopus (Silurana) tropicalis]	XP_004913459	0	82	573.933	397	326
contig_13605	interleukin-20 receptor subunit alpha isoform x1 (IL-20R-αx1)	2 425	gi|512842854|ref|XP_002938617.2|PREDICTED: interleukin-20 receptor subunit alpha-like [Xenopus (Silurana) tropicalis]	XP_002938617	1.26E-37	46	158.303	558	260
contig_14003	interleukin-20 receptor subunit alpha (IL-20R-α)	2 374	gi|512842854|ref|XP_002938617.2|PREDICTED: interleukin-20 receptor subunit alpha-like [Xenopus (Silurana) tropicalis]	XP_002938617	3.27E-40	47	165.622	547	258
contig_14336	interleukin enhancer-binding factor 3 (IL-EBF3)	2 331	gi|54020805|ref|NP_001005648.1|interleukin enhancer-binding factor 3 [Xenopus (Silurana) tropicalis] >gi|82183774|sp|Q6GL57.1|ILF3_XENTR RecName: Full=Interleukin enhancer-binding factor 3 >gi|49257941|gb|AAH74653.1|interleukin enhancer binding factor 3, 90kDa [Xenopus (Silurana) tropicalis]	NP_001005648	0	88	612.838	446	394

（续）

序列序号	序列名称	序列长度	注释描述	注释编号	置信值	相似度	分值	对齐长度	正向序号
contig_14344	interleukin-17 receptor e (IL-17RE)	2 331	gi|512838742|ref|XP_004914172.1|PREDICTED: interleukin-17 receptor E [Xenopus (Silurana) tropicalis]	XP_004914172	1.43E-174	69	530.406	522	361
contig_14476	interleukin enhancer-binding factor 3 (IL-EBF3)	2 317	gi|54020805|ref|NP_001005648.1|interleukin enhancer-binding factor 3 [Xenopus (Silurana) tropicalis] >gi|82183774|sp|Q6GL57.1|ILF3_XENTR RecName: Full=Interleukin enhancer-binding factor 3 >gi|49257941|gb|AAH74653.1|interleukin enhancer binding factor 3, 90kDa [Xenopus (Silurana) tropicalis]	NP_001005648	0	88	853.203	633	560
contig_14883	interleukin-12 subunit beta (IL-12-β)	2 272	gi|504182997|ref|XP_004599803.1|PREDICTED: interleukin-12 subunit beta-like [Ochotona princeps]	XP_004599803	4.64E-44	54	171.4	309	167
contig_14905	interleukin-13 receptor subunit alpha-1 (IL-13R-α1)	2 269	gi|512859852|ref|XP_004916986.1|PREDICTED: interleukin-13 receptor subunit alpha-1 [Xenopus (Silurana) tropicalis]	XP_004916986	2.17E-46	46	180.644	462	216
contig_15331	interleukin 17d precursor (IL-17DP)	2 224	gi|166795927|ref|NP_001107719.1|interleukin 17D precursor [Xenopus (Silurana) tropicalis] >gi|165970584|gb|AAI58483.1|il17d protein [Xenopus (Silurana) tropicalis]	NP_001107719	1.18E-94	85	304.294	203	174

（续）

序列序号	序列名称	序列长度	注释描述	注释编号	置信值	相似度	分值	对齐长度	正向序号
contig_15432	interleukin-20 receptor subunit alpha isoform x1 (IL-20R-αx1)	2 215	gi|512842854|ref|XP_002938617.2|PREDICTED: interleukin-20 receptor subunit alpha-like [Xenopus (Silurana) tropicalis]	XP_002938617	3.04E-33	52	87.040 9	182	95
contig_15925	interleukin-20 receptor subunit alpha (IL-20R-α)	2 164	gi|512842854|ref|XP_002938617.2|PREDICTED: interleukin-20 receptor subunit alpha-like [Xenopus (Silurana) tropicalis]	XP_002938617	2.78E-34	53	90.507 7	171	91
contig_15975	granulocyte-macrophage colony-stimulating factor receptor subunit alpha-like (IL-5R-αL)	2 159	gi|512882388|ref|XP_004919958.1|PREDICTED: interleukin-5 receptor subunit alpha-like [Xenopus (Silurana) tropicalis]	XP_004919958	8.99E-56	55	206.838	373	208
contig_16152	granulocyte-macrophage colony-stimulating factor receptor subunit alpha-like (IL-5R-αL)	2 138	gi|512882388|ref|XP_004919958.1|PREDICTED: interleukin-5 receptor subunit alpha-like [Xenopus (Silurana) tropicalis]	XP_004919958	6.36E-49	54	187.193	365	198
contig_17090	nuclear factor interleukin-3-regulated protein (IL-3-RP)	2 045	gi|62751891|ref|NP_001015710.1|nuclear factor interleukin-3-regulated protein [Xenopus (Silurana) tropicalis] >gi|82194958|sp|Q5FW38.1|NFIL3_XENTR RecName: Full= Nuclear factor interleukin-3-regulated protein >gi|58476296|gb|AAH89641.1|nuclear factor, interleukin 3 regulated [Xenopus (Silurana) tropicalis]	NP_001015710	0	90	721.079	462	416

（续）

序列序号	序列名称	序列长度	注释描述	注释编号	置信值	相似度	分值	对齐长度	正向序号
contig_18722	single ig il-1-related receptor (IL-1R)	1 906	gi|512833515|ref|XP_004913459.1|PREDICTED: single Ig IL-1-related receptor isoform X2 [Xenopus (Silurana) tropicalis] >gi|512833519|ref|XP_004913460.1|PREDICTED: single Ig IL-1-related receptor isoform X3 [Xenopus (Silurana) tropicalis] >gi|512833523|ref|XP_002937693.2|PREDICTED: single Ig IL-1-related receptor isoform X1 [Xenopus (Silurana) tropicalis]	XP_004913459	1.15E-132	87	406.757	241	212
contig_19686	interleukin-17 receptor c isoform x2 (IL-17RC-x2)	1 828	gi|512838738|ref|XP_002941718.2|PREDICTED: interleukin-17 receptor C-like [Xenopus (Silurana) tropicalis]	XP_002941718	5.35E-72	56	257.299	452	254
contig_20924	interleukin-5 receptor subunit alpha-like (IL-5R-αL)	1 732	gi|530578992|ref|XP_005283417.1|PREDICTED: interleukin-5 receptor subunit alpha-like [Chrysemys picta bellii]	XP_005283417	3.78E-48	53	184.111	358	192
contig_23274	interleukin-17b isoform x3 (IL-17b-x3)	1 567	gi|55742144|ref|NP_001006699.1|interleukin 17B precursor [Xenopus (Silurana) tropicalis] >gi|49522392|gb|AAH75405.1|interleukin 17B [Xenopus (Silurana) tropicalis]	NP_001006699	7.50E-86	85	275.404	184	158
contig_23329	interleukin-11 receptor subunit alpha (IL-11R-α)	1 563	gi|154147726|ref|NP_001093752.1|interleukin 11 receptor, alpha precursor [Xenopus (Silurana) tropicalis] >gi|134026106|gb|AAI35647.1|il11ra protein [Xenopus (Silurana) tropicalis]	NP_001093752	9.42E-164	74	482.256	403	300

（续）

序列序号	序列名称	序列长度	注释描述	注释编号	置信值	相似度	分值	对齐长度	正向序号
contig_23342	interleukin-17 receptor c isoform x1 (IL-17RC-x1)	1 563	gi|512838738|ref|XP_002941718.2|PREDICTED: interleukin-17 receptor C-like [Xenopus (Silurana) tropicalis]	XP_002941718	1.22E-62	56	229.18	382	214
contig_24067	interleukin-17d-like isoform x2 (IL-17d-x2)	1 520	gi|301606628|ref|XP_002932904.1|PREDICTED: interleukin-17D-like [Xenopus (Silurana) tropicalis]	XP_002932904	2.46E-47	78	172.17	141	111
contig_24502	interleukin enhancer binding factor 2 (IL-EBF2)	1 494	gi|45360647|ref|NP_988997.1|interleukin enhancer-binding factor 2 homolog [Xenopus (Silurana) tropicalis] >gi|62510787|sp|Q6P8G1.1|ILF2_XENTR RecName: Full=Interleukin enhancer-binding factor 2 homolog >gi|38174380|gb|AAH61266.1|interleukin enhancer binding factor 2, 45kDa [Xenopus (Silurana) tropicalis] >gi|89271910|emb|CAJ81376.1|interleukin enhancer binding factor 2 [Xenopus (Silurana) tropicalis] >gi|89273866|emb|CAJ81441.1|interleukin enhancer binding factor 2 [Xenopus (Silurana) tropicalis]	NP_988997	0	97	660.218	356	348
contig_25394	interleukin-17 receptor c (IL-17RC)	1 441	gi|512838738|ref|XP_002941718.2|PREDICTED: interleukin-17 receptor C-like [Xenopus (Silurana) tropicalis]	XP_002941718	3.95E-22	57	108.997	196	112

（续）

序列序号	序列名称	序列长度	注释描述	注释编号	置信值	相似度	分值	对齐长度	正向序号
contig_2643	interleukin-13 receptor subunit alpha-1 (IL-13R-α1)	5 377	gi|512859852|ref|XP_004916986.1|PREDICTED: interleukin-13 receptor subunit alpha-1 [Xenopus (Silurana) tropicalis]	XP_004916986	1.21E-48	52	191.815	434	228
contig_26882	interleukin-8-like (IL-8L)	1 354	gi|512815784|ref|XP_002942578.2|PREDICTED: interleukin-8-like [Xenopus (Silurana) tropicalis]	XP_002942578	1.50E-26	70	113.235	103	73
contig_2750	interleukin-1 receptor accessory protein (IL-1RAP)	5 289	gi|514789082|ref|XP_005029663.1|PREDICTED: interleukin-1 receptor accessory protein isoform X2 [Anas platyrhynchos]	XP_005029663	0	77	701.819	553	428
contig_27881	myeloid differentiation primary response protein 88 (IL-1RBP)	1 300	gi|148230651|ref|NP_001081001.1|myeloid differentiation primary response protein MyD88-A [Xenopus laevis] >gi|82177542|sp|Q9DF60.1|MY88A_XENLA RecName: Full=Myeloid differentiation primary response protein MyD88-A; AltName: Full=Toll/IL-1 receptor binding protein MyD88-A >gi|9965396|gb|AAG10073.1|Toll/IL-1 receptor binding protein MyD88 [Xenopus laevis] >gi|54038162|gb|AAH84238.1|Myd88-A protein [Xenopus laevis]	NP_001081001	1.21E-144	82	425.631	286	235
contig_2865	interleukin-1 receptor accessory protein (IL-1RAP)	5 193	gi|514789082|ref|XP_005029663.1|PREDICTED: interleukin-1 receptor accessory protein isoform X2 [Anas platyrhynchos]	XP_005029663	0	77	701.819	553	428

（续）

序列序号	序列名称	序列长度	注释描述	注释编号	置信值	相似度	分值	对齐长度	正向序号
contig_29766	interleukin 13 alpha 1 (IL-13R-α1)	1 211	gi|512859852|ref|XP_004916986.1|PREDICTED: interleukin-13 receptor subunit alpha-1 [Xenopus (Silurana) tropicalis]	XP_004916986	3.91E-35	49	144.436	340	167
contig_2984	interleukin-1 receptor accessory protein (IL-1RAP)	5 110	gi|514789082|ref|XP_005029663.1|PREDICTED: interleukin-1 receptor accessory protein isoform X2 [Anas platyrhynchos]	XP_005029663	0	77	701.819	553	428
contig_30117	interleukin-17c (IL-17c)	1 195	gi|512839648|ref|XP_002942041.2|PREDICTED: interleukin-17C [Xenopus (Silurana) tropicalis]	XP_002942041	1.25E-42	66	158.688	170	113
contig_30460	interleukin 34 (IL-34)	1 182	gi|512838206|ref|XP_004914101.1|PREDICTED: interleukin-34 [Xenopus (Silurana) tropicalis]	XP_004914101	2.56E-40	69	151.754	166	115
contig_3100	interleukin-1 receptor accessory protein (IL-1RAP)	5 014	gi|514789082|ref|XP_005029663.1|PREDICTED: interleukin-1 receptor accessory protein isoform X2 [Anas platyrhynchos]	XP_005029663	0	77	701.819	553	428
contig_32039	interleukin-17 receptor e-like (IL-17REL)	1 119	gi|558160322|ref|XP_006122693.1|PREDICTED: putative interleukin-17 receptor E-like isoform X1 [Pelodiscus sinensis]	XP_006122693	1.42E-98	73	313.923	276	202
contig_34987	low quality protein: interleukin-18 (IL-18)	1 008	gi|512853816|ref|XP_002942520.2|PREDICTED: interleukin-18 [Xenopus (Silurana) tropicalis]	XP_002942520	4.64E-23	57	103.99	166	96

（续）

序列序号	序列名称	序列长度	注释描述	注释编号	置信值	相似度	分值	对齐长度	正向序号
contig_36642	interleukin-20 receptor subunit alpha (IL-20R-α)	950	gi|512842854|ref|XP_002938617.2|PREDICTED: interleukin-20 receptor subunit alpha - like [Xenopus (Silurana) tropicalis]	XP_002938617	4.64E-28	54	122.865	249	135
contig_37026	interleukin-34 precursor (IL-34P)	937	gi|512838206|ref|XP_004914101.1|PREDICTED: interleukin-34 [Xenopus (Silurana) tropicalis]	XP_004914101	1.11E-39	69	148.288	160	111
contig_37158	interleukin-18 binding protein (IL-18BP)	933	gi|530597421|ref|XP_005292241.1|PREDICTED: interleukin-18 - binding protein [Chrysemys picta bellii]	XP_005292241	1.83E-14	59	78.9518	104	62
contig_40705	interleukin 17 (IL-17)	829	gi|512845440|ref|XP_004915038.1|PREDICTED: interleukin-17A - like [Xenopus (Silurana) tropicalis]	XP_004915038	3.55E-36	68	137.117	131	90
contig_4160	interleukin-17 receptor a (IL-17RA)	4445	gi|543374837|ref|XP_005530631.1|PREDICTED: interleukin-17 receptor A [Pseudopodoces humilis]	XP_005530631	1.52E-91	52	327.02	544	285
contig_4164	interleukin-17 receptor a (IL-17RA)	4444	gi|543374837|ref|XP_005530631.1|PREDICTED: interleukin-17 receptor A [Pseudopodoces humilis]	XP_005530631	1.52E-91	52	327.02	544	285
contig_41758	granulocyte - macrophage colony - stimulating factor receptor subunit alpha - like (IL-5R-αL)	801	gi|512882388|ref|XP_004919958.1|PREDICTED: interleukin-5 receptor subunit alpha - like [Xenopus (Silurana) tropicalis]	XP_004919958	3.27E-39	55	151.369	251	140

（续）

序列序号	序列名称	序列长度	注释描述	注释编号	置信值	相似度	分值	对齐长度	正向序号
contig_43477	interleukin-7 receptor subunit alpha (IL-7R-α)	760	gi|557317450|ref|XP_006031941.1|PREDICTED: interleukin-7 receptor subunit alpha [Alligator sinensis]	XP_006031941	4.98E-15	46	83.1889	201	93
contig_44044	granulocyte-macrophage colony-stimulating factor receptor subunit alpha-like (IL-5R-αL)	746	gi|512882388|ref|XP_004919958.1|PREDICTED: interleukin-5 receptor subunit alpha-like [Xenopus (Silurana) tropicalis]	XP_004919958	1.15E-22	52	104.375	204	107
contig_4546	interleukin-1 receptor accessory protein (IL-1RAP)	4 293	gi|514789082|ref|XP_005029663.1|PREDICTED: interleukin-1 receptor accessory protein isoform X2 [Anas platyrhynchos]	XP_005029663	0	77	701.819	553	428
contig_48413	interleukin-21 receptor (IL-21R)	660	gi|512870258|ref|XP_002938459.2|PREDICTED: interleukin-21 receptor [Xenopus (Silurana) tropicalis]	XP_002938459	1.73E-28	75	121.709	112	85
contig_49471	interleukin-1 receptor-like 1 isoform x2 (IL-1RL1-x2)	642	gi|449492083|ref|XP_002193504.2|PREDICTED: interleukin-1 receptor-like 1-like [Taeniopygia guttata]	XP_002193504	5.07E-35	70	134.806	136	96
contig_50181	interleukin-21 receptor (IL-21R)	631	gi|512870258|ref|XP_002938459.2|PREDICTED: interleukin-21 receptor [Xenopus (Silurana) tropicalis]	XP_002938459	5.88E-48	61	175.637	225	139

（续）

序列序号	序列名称	序列长度	注释描述	注释编号	置信值	相似度	分值	对齐长度	正向序号
contig_51548	interleukin-17 receptor d (IL-17RD)	609	gi|301621474|ref|XP_002940076.1|PREDICTED: interleukin-17 receptor D [Xenopus (Silurana) tropicalis]	XP_002940076	5.26E-84	88	274.633	162	144
contig_51721	il16 protein (IL-16)	607	gi|512827635|ref|XP_002932313.2|PREDICTED: pro-interleukin-16 [Xenopus (Silurana) tropicalis]	XP_002932313	4.11E-85	84	283.878	204	173
contig_54420	interleukin 17 beta (IL-17β)	567	gi|301605960|ref|XP_002932618.1|PREDICTED: interleukin-1 beta-like [Xenopus (Silurana) tropicalis]	XP_002932618	3.14E-26	61	110.923	146	90
contig_57344	interleukin-18 receptor 1 (IL-18R1)	531	gi|301609999|ref|XP_002934550.1|PREDICTED: interleukin-18 receptor 1-like [Xenopus (Silurana) tropicalis]	XP_002934550	7.425E-18	57	89.3521	155	89
contig_62482	interleukin-18 receptor 1 (IL-18R1)	476	gi|301609999|ref|XP_002934550.1|PREDICTED: interleukin-18 receptor 1-like [Xenopus (Silurana) tropicalis]	XP_002934550	1.781E-23	88	104.76	62	55
contig_6878	interleukin-1 receptor type 1 (IL-1R1)	3 591	gi|512821293|ref|XP_002934551.2|PREDICTED: interleukin-1 receptor type 1 [Xenopus (Silurana) tropicalis]	XP_002934551	2.61E-128	63	416.001	546	345
contig_69833	interleukin 13 alpha 2 (IL-13-α2)	417	gi|301615292|ref|XP_002937101.1|PREDICTED: interleukin-13 receptor subunit alpha-2-like [Xenopus (Silurana) tropicalis]	XP_002937101	1.369E-38	65	144.05	133	87

（续）

序列序号	序列名称	序列长度	注释描述	注释编号	置信值	相似度	分值	对齐长度	正向序号
contig_73362	interleukin 18 receptor 1 (IL-18R1)	393	gi|157885879|gb|ABV56005.1|IL-18 receptor alpha chain [Gallus gallus]	ABV56005	3.539E-39	82	146.747	112	92
contig_8491	interleukin-17 receptor c isoform x1 (IL-17RC-x1)	3 234	gi|512838738|ref|XP_002941718.2|PREDICTED: interleukin-17 receptor C-like [Xenopus (Silurana) tropicalis]	XP_002941718	6.30E-126	54	414.461	774	422
contig_8577	interleukin enhancer-binding factor 3 (IL-EBF3)	3 213	gi|54020805|ref|NP_001005648.1|interleukin enhancer-binding factor 3 [Xenopus (Silurana) tropicalis] >gi|82183774|sp|Q6GL57.1|ILF3_XENTR RecName: Full=Interleukin enhancer-binding factor 3 >gi|49257941|gb|AAH74653.1|interleukin enhancer binding factor 3, 90kDa [Xenopus (Silurana) tropicalis]	NP_001005648	0	85	573.163	487	415
contig_8616	interleukin-1 receptor accessory protein (IL-1RAP)	3 207	gi|514789082|ref|XP_005029663.1|PREDICTED: interleukin-1 receptor accessory protein isoform X2 [Anas platyrhynchos]	XP_005029663	0	77	701.819	553	428
contig_8672	interleukin enhancer-binding factor 3 (IL-EBF3)	3 195	gi|54020805|ref|NP_001005648.1|interleukin enhancer-binding factor 3 [Xenopus (Silurana) tropicalis] >gi|82183774|sp|Q6GL57.1|ILF3_XENTR RecName: Full=Interleukin enhancer-binding factor 3 >gi|49257941|gb|AAH74653.1|interleukin enhancer binding factor 3, 90kDa [Xenopus (Silurana) tropicalis]	NP_001005648	0	85	578.556	485	415

（续）

序列序号	序列名称	序列长度	注释描述	注释编号	置信值	相似度	分值	对齐长度	正向序号
contig_9045	single ig il-1-related receptor (IL-1R)	3 121	gi|512833515|ref|XP_004913459.1|PREDICTED: single Ig IL-1-related receptor isoform X2 [Xenopus (Silurana) tropicalis] >gi|512833519|ref|XP_004913460.1|PREDICTED: single Ig IL-1-related receptor isoform X3 [Xenopus (Silurana) tropicalis] >gi|512833523|ref|XP_002937693.2|PREDICTED: single Ig IL-1-related receptor isoform X1 [Xenopus (Silurana) tropicalis]	XP_004913459	1.61E-169	86	514.612	330	287
contig_91854	interleukin 21 receptor (IL-21R)	307	gi|224070640|ref|XP_002198159.1|PREDICTED: interleukin 21 receptor [Taeniopygia guttata]	XP_002198159	3.78E-08	55	58.9214	84	47
contig_9370	interleukin-17 receptor e (IL-17RE)	3 058	gi|512838742|ref|XP_004914172.1|PREDICTED: interleukin-17 receptor E [Xenopus (Silurana) tropicalis]	XP_004914172	0	64	608.986	686	443
contig_94095	interleukin-1 receptor-like 1 (IL-1RL1)	300	gi|326913791|ref|XP_003203217.1|PREDICTED: interleukin-1 receptor-like 1-like [Meleagris gallopavo]	XP_003203217	5.73E-10	60	63.929	71	43
contig_9458	interleukin-17 receptor d (IL-17RD)	3 043	gi|301621474|ref|XP_002940076.1|PREDICTED: interleukin-17 receptor D [Xenopus (Silurana) tropicalis]	XP_002940076	0	87	1 067.37	700	614
contig_9637	interleukin-7 receptor subunit alpha (IL-7R-α)	3 011	gi|530640420|ref|XP_005306973.1|PREDICTED: interleukin-7 receptor subunit alpha [Chrysemys picta bellii]	XP_005306973	7.97E-35	50	149.443	315	158
contig_9699	interleukin-17 receptor e (IL-17RE)	2 998	gi|512838742|ref|XP_004914172.1|PREDICTED: interleukin-17 receptor E [Xenopus (Silurana) tropicalis]	XP_004914172	0	66	620.542	666	442

六、抗菌肽的鉴定与克隆

为了在皮肤数据集中识别抗菌肽（AMPs），从 UniprotKB 数据库中下载了所有已发表的抗菌肽前体，并使用 makeblastdb 软件构建了一个本地索引数据库（LAMP - database）。以 contigs 为查询序列，利用 BLASTX 程序在 LAMP 数据库中搜索候选抗菌肽。为了验证这些候选抗菌肽是否在棘腹蛙皮肤中表达，随机选择了 20 个转录本进行 RT - PCR 验证，这些转录本的引物见表 1 - 7。根据制造商的说明，使用多聚胸腺嘧啶核苷酸 [oligo（dT）]、随机六聚体和 Moloney 小鼠白血病病毒（M - MLV）逆转录酶（Invitrogen，CA，USA）从 500 ng 总 RNA 中合成第一链 cDNA。以半微升第一链 cDNA 产物为模板，用 KOD FX DNA 聚合酶（TOYOBO，上海，中国）进行基因扩增。PCR 条件：98℃ 10s，退火 30s，68℃ 30s，35 个循环。

表 1 - 7　RT - PCR 验证实验中所用引物

序列序号	序列名称	引物	熔解温度	扩增片段长度	目标
contig _ 59031	Japonicin	5′ - ATGTTCACCTTGAAGAAGTCC - 3′	55.2	231	
		5′ - TCACCATTTGCAGACGCC - 3′	57.5		
contig _ 48012	Cathelicidin	5′ - ATGAAGGTCTGGCAGTGT - 3′	54.4	441	
		5′ - TAAGAGTTGCTGCTGTCT - 3′	51.7		
contig _ 84869	AMP4 _ HETSP	5′ - AGCGTAGAAGTTTCAGGACAC - 3′	57.5	292	
		5′ - CTTCTGCAAACATCTGGGAAG - 3′	56.8		
contig _ 48255	Pleurain	5′ - ATGATACAGTCACCATCCAGAC - 3′	57.2	183	实时定量 - PCR 验证含有抗菌肽的转录本
		5′ - TCATGTGACCATCACAGTGC - 3′	57.8		
contig _ 52847	Nigrocin	5′ - GTACTGGCTATAGTGCTGCTGA - 3′	59.0	357	
		5′ - ATATTCAACTTCCAGAACACTCC - 3′	56.2		
contig _ 69787	Brevinin - 2	5′ - TGCCCATCCAGGAACCAG - 3′	58.0	318	
		5′ - TGACAGTCTTCTGCTCCTGTG - 3′	59.0		
contig _ 51654	Brevinin - 2	5′ - AGGTGGGATTCACGGGATCG - 3′	60.8	507	
		5′ - TGTATGGGCGTTTGGTGTCG - 3′	60.0		
contig _ 54884	Gaegurin	5′ - CCATATCCAGTCCACTGATGAC - 3′	58.0	526	
		5′ - CCTGTAAGAACACAACACGTC - 3′	57.0		
contig _ 42371	D2K8I9 _ 9 NEOB Andersonin - 9 antimicrobial peptide	5′ - TCAATCGCGATTCTAATGTCGC - 3′	59.1	773	
		5′ - TGAAGGTCCAGGTGAGGAAGT - 3′	59.5		

（续）

序列序号	序列名称	引物	熔解温度	扩增片段长度	目标
contig_45686	Amurin	5′-TTCATCCAGAAGCAGCACCT-3′	58.7	653	
		5′-TCCACAAGCAATGTGGATCTTG-3′	59.0		
contig_43219	Brevinin-2	5′-GGTTGAGAACCACTGATCTAGAC-3′	58.1	704	实时定量-PCR验证含有抗菌肽的转录本
		5′-CAGTGAAGGCCTGGGTATTTA-3′	56.7		
contig_39753	Brevinin-2	5′-CACCCCTGCATTAGGAGATAAC-3′	58.1	790	
		5′-ACCTATGAGCATTTATGTATAC-3′	50.6		
contig_39445	Brevinin	5′-ATAGGGGACATATTGTAAGGGAC-3′	56.6	799	
		5′-CCATTACACTCTTTTCCTTCAACC-3′	58.2		
contig_41711	Parkerin	5′-AATTGGTCAACTGCAGATGTC-3′	56.3	701	
		5′-TGGTGTCTATTTACCCGACTCAC-3′	59.4		
contig_34349	Esculentin-1	5′-ACCACTGATAAGCATCAATTGTC-3′	57.1	875	
		5′-CAGATTTCTGGCAGATCAACAAGT-3′	59.7		
contig_9615	Cathelicidin	5′-GGCTCAAGTCAGAAACAACATG-3′	58.2	1 360	实时定量-PCR验证含有抗菌肽的转录本
		5′-GCGGTGATACACAGAAACCTC-3′	58.7		
contig_37142	Pleurain	5′-CATCCGATCCTGAAGACTTGG-3′	57.7	830	
		5′-CTCATATCCGATGGGTAAGTCTC-3′	57.5		
contig_10232	Scorpine	5′-CAGGATTCCAACATAGCTCCAG-3′	58.6	1 162	
		5′-CACCCAGGAGAAAAACGCAG-3′	59.1		
contig_27810	Ranatuerin-2	5′-GTTCCATCGTTTTGTCTTTGC-3′	56.2	995	
		5′-GTGAAATACCTCTTTGGTTGTGG-3′	57.6		
contig_54325	Tigerinin	5′-AACTCCGATGTTTGCAGACTTG-3′	59.0	409	
		5′-GGTGTCTATTTACCCGACTCACT-3′	59.2		
contig_59031	Japonicin	5′-ATGTTCACCTTGAAGAAGTCC-3′	55.2	231	4种抗菌肽基因在不同蛙种中的实时定量-PCR表达分析
		5′-TCACCATTTGCAGACGCC-3′	57.5		
contig_48012	Cathelicidin	5′-ATGAAGGTCTGGCAGTGT-3′	54.4	441	
		5′-TAAGAGTTGCTGCTGTCT-3′	51.7		
contig_48255	Pleurain	5′-ATGATACAGTCACCATCCAGAC-3′	57.2	183	
		5′-TCATGTGACCATCACAGTGC-3′	57.8		
contig_52847	Nigrocin	5′-GTACTGGCTATAGTGCTGCTGA-3′	59.0	357	
		5′-ATATTCAACTTCCAGAACACTCC-3′	56.2		

（续）

序列序号	序列名称	引物	熔解温度	扩增片段长度	目标
contig_40646	toll – like receptor 1	5′ – TCCTTCAGAGTGAATGGTGTC – 3′	56.7	249	Toll 样受体 1 和 2 在不同组织中的表达
		5′ – TCCTGAACAGGAAGGTCTATTTCC – 3′	59.5		
contig_14855	toll – like receptor 2 – like	5′ – ACGCGTATGAAGACGTCATCC – 3′	59.9	288	
		5′ – TTCACATTGCTGTCCTCTGTG – 3′	58.0		

表 1 – 8　棘腹蛙皮肤转录组编码抗菌肽转录本

序号	序列描述	家族和域	序列编号
1	tr｜G4Y063｜G4Y063 _ RANAM Amurin – 5AM protein（Fragment）OS＝Rana amurensis PE＝2 SV＝1	Amurin	contig_90806
2	tr｜G4Y066｜G4Y066 _ RANAM Amurin – 5AM protein（Fragment）OS＝Rana amurensis PE＝2 SV＝1	Amurin	contig_45686, contig_81565
3	tr｜H6SWK8｜H6SWK8 _ 9NEOB Analgesin 2 OS＝Hyla simplex PE＝2 SV＝1	Analgesin	contig_8928
4	tr｜E3SZN0｜E3SZN0 _ 9NEOB Andersonin – A peptide OS＝Odorrana andersonii PE＝2 SV＝1	Andersonin	contig_17424
5	tr｜E3SZP1｜E3SZP1 _ 9NEOB Andersonin – J peptide OS＝Odorrana andersonii PE＝2 SV＝1	Andersonin	contig_79051
6	tr｜E3SZP9｜E3SZP9 _ 9NEOB Andersonin – M2 peptide OS＝Odorrana andersonii PE＝2 SV＝1	Andersonin	contig_80363
7	tr｜E3SZQ7｜E3SZQ7 _ 9NEOB Andersonin – O peptide OS＝Odorrana andersonii PE＝2 SV＝1	Andersonin	contig_70550
8	tr｜A9CBI7｜A9CBI7 _ LITPI Arcadlin（Fragment）OS＝Lithobates pipiens GN＝arcadlin PE＝4 SV＝1	Arcadlin	contig_46737
9	tr｜A9CBJ0｜A9CBJ0 _ LITPI Arcadlin（Fragment）OS＝Lithobates pipiens GN＝arcadlin PE＝4 SV＝1	Arcadlin	contig_44363
10	sp｜Q5SC60｜ANN1 _ AREMA Arenicin – 1 OS＝Arenicola marina PE＝1 SV＝1	Arenicin	contig_83046, contig_87069
11	sp｜Q5SC59｜ANN2 _ AREMA Arenicin – 2 OS＝Arenicola marina PE＝1 SV＝1	Arenicin	contig_2813, contig_2822, contig_22222, contig_42343
12	tr｜Q5K0E5｜Q5K0E5 _ LITAU Aurein 2. 3 OS＝Litoria aurea PE＝2 SV＝1	Aurein	contig_42124, contig_65508, contig_91118

（续）

序号	序列描述	家族和域	序列编号
13	sp｜Q0MWV8｜AURE _ AURAU Aurelin OS＝Aurelia aurita PE＝1 SV＝1	Aurelin	contig _ 43786
14	sp｜P25068｜TAP _ BOVIN Tracheal antimicrobial peptide OS＝Bos taurus PE＝1 SV＝1	defensin	contig _ 72785
15	sp｜P46157｜GLL1A _ CHICK Gallinacin － 1 alpha OS＝Gallus gallus PE＝1 SV＝2	defensin	contig _ 66201
16	sp｜P29004｜BMNL3 _ BOMOR Bombinin － like peptides 3 OS＝Bombina orientalis PE＝1 SV＝1	Bombinin	contig _ 44032
17	tr｜C3RSS5｜C3RSS5 _ 9ANUR Antimicrobial peptide OS＝Bombina microdeladigitora PE＝2 SV＝1	Bombinin	contig _ 93633
18	tr｜C3RST2｜C3RST2 _ 9ANUR Antimicrobial peptide OS＝Bombina microdeladigitora PE＝2 SV＝1	Bombinin	contig _ 24178
19	tr｜C3RST6｜C3RST6 _ 9ANUR Antimicrobial peptide OS＝Bombina microdeladigitora PE＝2 SV＝1	Bombinin	contig _ 53755
20	tr｜C3RSW9｜C3RSW9 _ BOMMX Antimicrobial peptide OS＝Bombina maxima PE＝2 SV＝1	Bombinin	contig _ 49367
21	tr｜C3RSX2｜C3RSX2 _ BOMMX Antimicrobial peptide OS＝Bombina maxima PE＝2 SV＝1	Bombinin	contig _ 71897
22	sp｜C5J8E3｜SAUVE _ PHYSA Sauvatide OS＝Phyllomedusa sauvagei GN＝sauvatide PE＝1 SV＝1	Brevinin	contig _ 22550，contig _ 23418，contig _ 24081，contig _ 25056，contig _ 64868
23	tr｜A6MBN7｜A6MBN7 _ ODOGR Odorranain － J2 antimicrobial peptide（Fragment）OS＝Odorrana grahami PE＝2 SV＝1	Brevinin	contig _ 40433
24	tr｜A6MBQ0｜A6MBQ0 _ ODOGR Odorranain － P1a antimicrobial peptide OS＝Odorrana grahami PE＝2 SV＝1	Brevinin	contig _ 69266
25	tr｜B5L1M1｜B5L1M1 _ BABPL Lividin － RP antimicrobial peptide OS＝Babina pleuraden PE＝2 SV＝1	Brevinin	contig _ 55536
26	tr｜C3RT25｜C3RT25 _ 9NEOB Antimicrobial peptide OS＝Limnonectes kuhlii PE＝2 SV＝1	Brevinin	contig _ 28406
27	tr｜C3RTI2｜C3RTI2 _ ODOGR Immunoregulatory peptide odorregulin A2 OS＝Odorrana grahami PE＝2 SV＝1	Brevinin	contig _ 42864

（续）

序号	序列描述	家族和域	序列编号
28	tr｜C3U4F0｜C3U4F0 _ LITCT Catesbeianalectin OS=Lithobates catesbeiana PE=2 SV=1	Brevinin	contig _ 73246
29	tr｜E6LAU6｜E6LAU6 _ CAMUP Glycine dehydrogenase OS = Campylobacter upsaliensis JV21 GN = HMPREF9400 _ 1191 PE=4 SV=1	Brevinin	contig _ 8445，contig _ 8569，contig _ 8999，contig _ 9156，contig _ 9813，contig _ 9996
30	tr｜H8Y1Z4｜H8Y1Z4 _ 9NEOB Antimicrobial peptide OS=Odorrana tiannanensis PE=2 SV=1	Brevinin	contig _ 72936
31	tr｜H8Y209｜H8Y209 _ 9NEOB Antimicrobial peptide OS=Odorrana tiannanensis PE=2 SV=1	Brevinin	contig _ 15794
32	tr｜H8ZRT9｜H8ZRT9 _ 9NEOB Odorranain - A - OT OS=Odorrana tiannanensis PE=2 SV=1	Brevinin	contig _ 70512
33	tr｜H9MHW1｜H9MHW1 _ 9NEOB Antimicrobial peptide OS=Amolops hainanensis PE=2 SV=1	Brevinin	contig _ 25550
34	tr｜H9MHX3｜H9MHX3 _ 9NEOB Antimicrobial peptide OS=Amolops hainanensis PE=2 SV=1	Brevinin	contig _ 80563
35	tr｜K7WHR6｜K7WHR6 _ 9NEOB Antixoidant peptide OS=Odorrana andersonii PE=2 SV=1	Brevinin	contig _ 39445
36	tr｜K7WM62｜K7WM62 _ 9NEOB Antixoidant peptide OS=Odorrana andersonii PE=2 SV=1	Brevinin	contig _ 285，contig _ 291，contig _ 4251，contig _ 4312
37	tr｜K7XFF2｜K7XFF2 _ 9NEOB Antixoidant peptide OS=Odorrana andersonii PE=2 SV=1	Brevinin	contig _ 82971
38	tr｜K7XFH0｜K7XFH0 _ 9NEOB Antixoidant peptide OS=Odorrana andersonii PE=2 SV=1	Brevinin	contig _ 16957
39	tr｜K9ARR5｜K9ARR5 _ 9BACI Uncharacterized protein OS=Lysinibacillus fusiformis ZB2 GN = C518 _ 0788 PE=4 SV=1	Brevinin	contig _ 15807，contig _ 59098，contig _ 70338
40	tr｜K9N0D7｜K9N0D7 _ PHYNO Tryptophyllin (Fragment) OS=Phyllomedusa nordestina PE=2 SV=1	Brevinin	contig _ 68827
41	tr｜L5N6F3｜L5N6F3 _ 9BACI Uncharacterized protein OS = Halobacillus sp. BAB - 2008 GN=D479 _ 12193 PE=4 SV=1	Brevinin	contig _ 52154
42	tr｜Q4HS80｜Q4HS80 _ CAMUP Probable lipoprotein OS = Campylobacter upsaliensis RM3195 GN = CUP1671 PE=4 SV=1	Brevinin	contig _ 75524

(续)

序号	序列描述	家族和域	序列编号
43	tr｜Q719L6｜Q719L6 _ 9NEOB Antimicrobial/opiod peptide Pv _ 1. 8 OS＝Trachycephalus venulosus PE＝2 SV＝1	Brevinin	contig _ 93954
44	tr｜X5JB74｜X5JB74 _ KASSE FF－20－KS precusor OS＝Kassina senegalensis GN＝ff－20－KS PE＝2 SV＝1	Brevinin	contig _ 32850
45	tr｜A7YJF3｜A7YJF3 _ 9NEOB Brevinin－1CHc (Fragment) OS＝Rana chiricahuensis PE＝4 SV＝1	Brevinin	contig _ 72732
46	tr｜D1MIZ4｜D1MIZ4 _ 9NEOB Brevinin－1RTa antimicrobial peptide OS＝Amolops ricketti PE＝2 SV＝1	Brevinin	contig _ 29833，contig _ 31901
47	tr｜E1AXD9｜E1AXD9 _ 9NEOB Brevinin－1CG4 antimicrobial peptide OS＝Amolops granulosus PE＝2 SV＝1	Brevinin	contig _ 65965
48	tr｜E7EKG1｜E7EKG1 _ 9NEOB Brevinin－1TP2 antimicrobial peptide OS＝Hylarana taipehensis PE＝2 SV＝1	Brevinin	contig _ 82204
49	tr｜E7EKK3｜E7EKK3 _ 9NEOB Brevinin－1TR4 antimicrobial peptide OS＝Amolops torrentis PE＝2 SV＝1	Brevinin	contig _ 89836
50	tr｜J9QWV1｜J9QWV1 _ 9NEOB Antimicrobial peptide brevinin－1ZHc OS＝Rana zhenhaiensis PE＝2 SV＝1	brevinin	contig _ 71158
51	sp｜A0AEI5｜BR2GB _ RANGU Brevinin－2GHb OS＝Rana guentheri GN＝br2GHb PE＝1 SV＝1	Brevinin	contig _ 51654
52	sp｜A0AEI6｜BR2GC _ RANGU Brevinin－2GHc OS＝Rana guentheri GN＝br2GHc PE＝1 SV＝1	Brevinin	contig _ 69787
53	sp｜P82269｜BR2TB _ RANTE Brevinin－2Tb OS＝Rana temporaria PE＝1 SV＝1	Brevinin	contig _ 41302
54	tr｜B9W1P6｜B9W1P6 _ 9NEOB Brevinin－2LTa antimicrobial peptide OS＝Hylarana latouchii PE＝2 SV＝1	Brevinin	contig _ 49139
55	tr｜B9W1P9｜B9W1P9 _ 9NEOB Brevinin－2LTb antimicrobial peptide OS＝Hylarana latouchii PE＝2 SV＝1	Brevinin	contig _ 72935
56	tr｜B9W1Q3｜B9W1Q3 _ 9NEOB Brevinin－2LTc antimicrobial peptide OS＝Hylarana latouchii PE＝2 SV＝1	Brevinin	contig _ 37504
57	tr｜D2K8J3｜D2K8J3 _ 9NEOB Brevinin－2－RA19 antimicrobial peptide OS＝Odorrana andersonii PE＝2 SV＝1	Brevinin	contig _ 6968，contig _ 71940
58	tr｜E1AWD6｜E1AWD6 _ 9NEOB Brevinin－2CG1 antimicrobial peptide OS＝Amolops chunganensis PE＝2 SV＝1	Brevinin	contig _ 74534

（续）

序号	序列描述	家族和域	序列编号
59	tr｜E1AXF5｜E1AXF5 _ 9NEOB Brevinin－2MT1 antimicrobial peptide OS＝Amolops mantzorum PE＝2 SV＝1	Brevinin	contig _ 74491
60	tr｜E3SYJ2｜E3SYJ2 _ 9NEOB Brevinin－2－RA20 peptide OS＝Odorrana andersonii PE＝2 SV＝1	Brevinin	contig _ 43219
61	tr｜E3SYJ7｜E3SYJ7 _ 9NEOB Brevinin－2－RA11 peptide OS＝Odorrana andersonii PE＝2 SV＝1	Brevinin	contig _ 21046，contig _ 21496，contig _ 33288，contig _ 39753
62	tr｜E3SYK7｜E3SYK7 _ 9NEOB Brevinin－2－RA16 peptide OS＝Odorrana andersonii PE＝2 SV＝1	Brevinin	contig _ 62397
63	tr｜E7EKH3｜E7EKH3 _ 9NEOB Brevinin－2SN1 antimicrobial peptide OS＝Hylarana spinulosa PE＝2 SV＝1	Brevinin	contig _ 87307
64	tr｜K7ZAL2｜K7ZAL2 _ AMOJI Brevinin－2－AJ2 antimicrobial peptide OS＝Amolops jingdongensis PE＝2 SV＝1	Brevinin	contig _ 89855
65	tr｜K7ZJ57｜K7ZJ57 _ AMOJI Esculentin－2－AJ1 antimicrobial peptide OS＝Amolops jingdongensis PE＝2 SV＝1	Brevinin	contig _ 64039
66	tr｜Q800R7｜Q800R7 _ LITCE Caerin 1. 13 OS＝Litoria caerulea PE＝2 SV＝1	Cathelicidin	contig _ 86787
67	sp｜B6D434｜CAMP _ BUNFA Cathelicidin－BF antimicrobial peptide OS＝Bungarus fasciatus PE＝1 SV＝1	Cathelicidin	contig _ 9615
68	sp｜B6S2X0｜CAMP _ NAJAT Cathelicidin－NA antimicrobial peptide OS＝Naja atra PE＝2 SV＝1	Cathelicidin	contig _ 10102，contig _ 10179，contig _ 30056，contig _ 37137
69	sp｜B6S2X2｜CAMP _ OPHHA Cathelicidin－OH antimicrobial peptide OS＝Ophiophagus hannah PE＝2 SV＝1	Cathelicidin	contig _ 30077，contig _ 36913，contig _ 48747，contig _ 52369，contig _ 55023
70	sp｜P51437｜CRAMP _ MOUSE Cathelin－related antimicrobial peptide OS＝Mus musculus GN＝Camp PE＝2 SV＝1	Cathelicidin	contig _ 20296，contig _ 48514

(续)

序号	序列描述	家族和域	序列编号
71	sp｜Q1KLX0｜CAMP _ SAGOE Cathelicidin antimicrobial peptide OS＝Saguinus oedipus GN＝CAMP PE＝3 SV＝1	Cathelicidin	contig _ 30762
72	sp｜Q1KLX2｜CAMP _ PONPY Cathelicidin antimicrobial peptide OS＝Pongo pygmaeus GN＝CAMP PE＝3 SV＝1	Cathelicidin	contig _ 17742, contig _ 17822, contig _ 48012
73	sp｜Q1KLY4｜CAMP _ CALJA Cathelicidin antimicrobial peptide OS＝Callithrix jacchus GN＝CAMP PE＝3 SV＝1	Cathelicidin	contig _ 28879
74	tr｜A2BD14｜A2BD14 _ XENLA Preproprotein pGQ OS＝Xenopus laevis GN＝pgq PE＝2 SV＝1	CCK	contig _ 88405, contig _ 92956
75	sp｜P81573｜DEFD7 _ SPIOL Defensin D7（Fragment）OS＝Spinacia oleracea PE＝1 SV＝1	Defensin	contig _ 92392
76	sp｜O93451｜DMS1 _ PACDA Dermaseptin PD－1－5 OS＝Pachymedusa dacnicolor PE＝2 SV＝1	Dermaseptin	contig _ 6651, contig _ 6917
77	tr｜Q5DVA5｜Q5DVA5 _ PHYSA Dermatoxin OS＝Phyllomedusa sauvagei GN＝drt－S PE＝2 SV＝1	Dermatoxin	contig _ 48942
78	sp｜P86018｜ES1R _ PELRI Esculentin－1R OS＝Pelophylax ridibundus PE＝1 SV＝1	Esculentin	contig _ 71298
79	tr｜A6MAV0｜A6MAV0 _ ODOGR Esculentin－1－OG2 antimicrobial peptide（Fragment）OS＝Odorrana grahami PE＝2 SV＝1	Esculentin	contig _ 72169
80	tr｜E1AWB8｜E1AWB8 _ ODOMA Esculentin－1－MG1 antimicrobial peptide OS＝Odorrana margaretae PE＝2 SV＝1	Esculentin	contig _ 34349
81	tr｜G3E7Q7｜G3E7Q7 _ PELNI Esculentin－1N protein（Fragment）OS＝Pelophylax nigromaculatus PE＝2 SV＝1	Esculentin	contig _ 55765
82	tr｜J9RWT1｜J9RWT1 _ LITPI Esculentin－1Pb OS＝Lithobates pipiens PE＝2 SV＝1	Esculentin	contig _ 52020
83	tr｜B5L168｜B5L168 _ ODOGR Esculentin－2－OG16 antimicrobial peptide OS＝Odorrana grahami PE＝2 SV＝1	Esculentin	contig _ 29467, contig _ 30468

（续）

序号	序列描述	家族和域	序列编号
84	tr｜B9W1Q1｜B9W1Q1 _ 9NEOB Esculentin－2LTb antimicrobial peptide OS＝Hylarana latouchii PE＝2 SV＝1	Esculentin	contig _ 83802
85	tr｜E1AWC1｜E1AWC1 _ ODOMA Esculentin－2－MG1 antimicrobial peptide OS＝Odorrana margaretae PE＝2 SV＝1	Esculentin	contig _ 50779
86	tr｜E1B230｜E1B230 _ 9NEOB Esculentin－2CG1 antimicrobial peptide OS＝Amolops chunganensis PE＝2 SV＝1	Esculentin	contig _ 32896
87	tr｜E7EKI0｜E7EKI0 _ 9NEOB Esculentin－2SN1 antimicrobial peptide OS＝Hylarana spinulosa PE＝2 SV＝1	Esculentin	contig _ 73650
88	tr｜Q1MU20｜Q1MU20 _ ODOSH Esculentin－2S protein OS＝Odorrana schmackeri PE＝2 SV＝1	Esculentin	contig _ 45703
89	sp｜P80398｜GGN4 _ GLARU Gaegurin－4 OS＝Glandirana rugosa GN＝GGN4 PE＝1 SV＝2	Gaegurin	contig _ 54884
90	tr｜C0ILJ2｜C0ILJ2 _ RANNV Gaegurin－6－RN antimicrobial peptide OS＝Rana nigrovittata PE＝2 SV＝1	Gaegurin	contig _ 74446
91	tr｜E3SYM7｜E3SYM7 _ 9NEOB Gaegurin－6－RA peptide OS＝Odorrana andersonii PE＝2 SV＝1	Gaegurin	contig _ 81307
92	sp｜P80930｜ENA1 _ HORSE Antimicrobial peptide eNAP－1（Fragment）OS＝Equus caballus PE＝1 SV＝1	Gaegurin	contig _ 25075，contig _ 40155，contig _ 41457，contig _ 51553，contig _ 61228
93	tr｜E7EKE9｜E7EKE9 _ 9NEOB Hainanensisin－A1 antimicrobial peptide OS＝Amolops hainanensis PE＝2 SV＝1	Hainanensisin	contig _ 18616
94	tr｜E7EKF2｜E7EKF2 _ 9NEOB Hainanensisin－A4 antimicrobial peptide OS＝Amolops hainanensis PE＝2 SV＝1	Hainanensisin	contig _ 4605，contig _ 9715
95	tr｜G3XHP6｜G3XHP6 _ 9NEOB Ishikawain－3 protein OS＝Odorrana ishikawae PE＝2 SV＝1	Ishikawain	contig _ 24175，contig _ 42842
96	tr｜G3XHQ1｜G3XHQ1 _ 9NEOB Ishikawain－8 protein OS＝Odorrana ishikawae PE＝2 SV＝1	Ishikawain	contig _ 54944

（续）

序号	序列描述	家族和域	序列编号
97	tr｜D0ES73｜D0ES73 _ 9NEOB Japonicin － 1NPa OS＝Nanorana parkeri PE＝2 SV＝1	Japonicin	contig _ 8100，contig _ 10834，contig _ 11252，contig _ 17638
98	tr｜G3F826｜G3F826 _ AMOJI Jindongenin － 1b OS＝Amolops jingdongensis PE＝2 SV＝1	Jindongenin	contig _ 67383
99	tr｜S0DF98｜S0DF98 _ KASMA Kasstasin － 1 OS＝Kassina maculata GN＝krp － 1 PE＝2 SV＝1	Kasstasin	contig _ 35791
100	tr｜B2G280｜B2G280 _ LITPI Kininogen － 1 OS＝Lithobates pipiens GN＝kininogen － 1 PE＝2 SV＝1	kininogen	contig _ 12301
101	tr｜L7V0G2｜L7V0G2 _ XENLA Liver － expressed antimicrobial peptide 2 OS＝Xenopus laevis GN＝LEAP － 2 PE＝2 SV＝1	LEAP	contig _ 6385，contig _ 6625，contig _ 7501，contig _ 71593
102	sp｜Q95M25｜LEAP2 _ MACMU Liver － expressed antimicrobial peptide 2 OS＝Macaca mulatta GN＝LEAP2 PE＝3 SV＝1	LEAP	contig _ 31371
103	tr｜C3RSZ5｜C3RSZ5 _ 9NEOB Lividin － 4a OS＝Odorrana livida PE＝2 SV＝1	Lividin	contig _ 89372
104	tr｜C3RSZ6｜C3RSZ6 _ 9NEOB Lividin － 5 OS＝Odorrana livida PE＝2 SV＝1	Lividin	contig _ 59746
105	tr｜C3RT10｜C3RT10 _ 9NEOB Lividin － 16 OS＝Odorrana livida PE＝2 SV＝1	Lividin	contig _ 71108
106	sp｜P86929｜LMBPG _ METGU Antimicrobial peptide lumbricin － PG OS＝Metaphire guillelmi PE＝1 SV＝1	Lumbricin	contig _ 6593
107	tr｜B5AKW4｜B5AKW4 _ 9NEOB Caerin 1. 1 OS＝Litoria splendida x Litoria caerulea PE＝2 SV＝1	Maximin	contig _ 51874，contig _ 89718
108	tr｜B5L0Z2｜B5L0Z2 _ BOMMX Maximin － 25/H17 antimicrobial peptide OS＝Bombina maxima PE＝2 SV＝1	Maximin	contig _ 36836，contig _ 38920
109	tr｜B5L102｜B5L102 _ BOMMX Maximin － 13 antimicrobial peptide OS＝Bombina maxima PE＝2 SV＝1	Maximin	contig _ 54375
110	tr｜B5L109｜B5L109 _ BOMMX Maximin － 18 antimicrobial peptide（Fragment）OS＝Bombina maxima PE＝2 SV＝1	Maximin	contig _ 74022
111	tr｜Q4L0B6｜Q4L0B6 _ BOMMX Maximin 9 OS＝Bombina maxima PE＝2 SV＝1	Maximin	contig _ 81040

（续）

序号	序列描述	家族和域	序列编号
112	sp｜Q58T44｜M4H35 _ BOMMX Maximins 4/H3 type 5 OS＝Bombina maxima PE＝1 SV＝1	Maximins	contig _ 4360, contig _ 35167
113	sp｜Q58T44｜M4H35 _ BOMMX Maximins 4/H3 type 5 OS＝Bombina maxima PE＝1 SV＝1	Maximins	contig _ 35958
114	sp｜Q58T61｜M5H43 _ BOMMX Maximins 5/H4 type 3 OS＝Bombina maxima PE＝1 SV＝1	Maximins	contig _ 42875
115	tr｜C3RTJ3｜C3RTJ3 _ 9ANUR Maximins 31/H15 OS＝Bombina microdeladigitora PE＝2 SV＝1	Maximins	contig _ 635, contig _ 5930
116	sp｜P81172｜HEPC _ HUMAN Hepcidin OS＝Homo sapiens GN＝HAMP PE＝1 SV＝2	Hepcidin	contig _ 39298, contig _ 93264
117	sp｜P25404｜AMP2 _ MIRJA Antimicrobial peptide 2 OS＝Mirabilis jalapa GN＝AMP2 PE＝1 SV＝2	Knottin	contig _ 71450
118	sp｜Q9SPL5｜AMP21 _ MACIN Vicilin － like antimicrobial peptides 2 － 1 OS ＝ Macadamia integrifolia GN＝AMP2 － 1 PE＝2 SV＝1	Vicilin	contig _ 13753, contig _ 29109, contig _ 91659
119	tr｜Q95Z19｜Q95Z19 _ POLSY Melittin OS＝Polistes sp. GN＝melt PE＝4 SV＝1	Melittin	contig _ 87821
120	tr｜C0IL44｜C0IL44 _ RANNV Nigroain － A antimicrobial peptide OS＝Rana nigrovittata PE＝2 SV＝1	Nigroain	contig _ 60722
121	tr｜C0IL61｜C0IL61 _ RANNV Nigroain － A antimicrobial peptide OS＝Rana nigrovittata PE＝2 SV＝1	Nigroain	contig _ 8103, contig _ 36349
122	tr｜C0ILB1｜C0ILB1 _ RANNV Nigroain － I antimicrobial peptide OS＝Rana nigrovittata PE＝2 SV＝1	Nigroain	contig _ 43550
123	tr｜B5L187｜B5L187 _ ODOGR Nigrocin － OG25 antimicrobial peptide OS＝Odorrana grahami PE＝2 SV＝1	Nigrocin	contig _ 52847
124	tr｜D6R6Q8｜D6R6Q8 _ ODOSH Nigrocin － SHb antimicrobial peptide OS ＝ Odorrana schmackeri PE＝2 SV＝1	Nigrocin	contig _ 65917
125	tr｜A6MB02｜A6MB02 _ ODOGR Nigrosin － OG2 antimicrobial peptide OS＝Odorrana grahami PE＝2 SV＝1	Nigrosin	contig _ 8466
126	tr｜A6MB08｜A6MB08 _ ODOGR Nigrosin － OG20 antimicrobial peptide OS ＝ Odorrana grahami PE＝2 SV＝1	Nigrosin	contig _ 55991

（续）

序号	序列描述	家族和域	序列编号
127	tr｜A6MB84｜A6MB84 _ ODOGR Nigrosin‐OG21 antimicrobial peptide OS＝Odorrana grahami PE＝2 SV＝1	Nigrosin	contig_73933
128	tr｜E3SZ91｜E3SZ91 _ 9NEOB Odorranain‐A‐RA1 peptide OS＝Odorrana andersonii PE＝2 SV＝1	Odorranain	contig_85627
129	tr｜E3SZ95｜E3SZ95 _ 9NEOB Odorranain‐A‐RA1 peptide OS＝Odorrana andersonii PE＝2 SV＝1	Odorranain	contig_69891
130	tr｜J9R6K2｜J9R6K2 _ 9NEOB Odorranain‐M‐DR OS＝Rana draytonii PE＝2 SV＝1	Odorranain	contig_72201, contig_83769
131	tr｜J9RZ55｜J9RZ55 _ LITPI Odorranain‐M‐Pa OS＝Lithobates pipiens PE＝2 SV＝1	Odorranain	contig_39796, contig_47604
132	tr｜D0PRC1｜D0PRC1 _ ODOGR Antimicrobial peptide odorranain B5 OS＝Odorrana grahami PE＝2 SV＝1	Odorranain	contig_5309
133	tr｜B5L189｜B5L189 _ ODOGR Odorranain‐k2 antimicrobial peptide OS＝Odorrana grahami PE＝2 SV＝1	Odorranain	contig_52205
134	tr｜X5JAD3｜X5JAD3 _ ODOVE Ornithokinin precursor OS＝Odorrana versabilis GN＝kininogen PE＝2 SV＝1	Odorranain	contig_73322
135	tr｜G4Y024｜G4Y024 _ RANAM Palustrin‐2AM protein (Fragment) OS＝Rana amurensis PE＝2 SV＝1	Palustrin	contig_14503
136	tr｜E1B236｜E1B236 _ 9NEOB Palustrin‐2GN1 antimicrobial peptide OS＝Amolops granulosus PE＝2 SV＝1	Palustrin	contig_75038
137	tr｜D0ES75｜D0ES75 _ 9NEOB Parkerin OS＝Nanorana parkeri PE＝2 SV＝1	Parkerin	contig_41711, contig_59031
138	sp｜A8B5P7｜PLEA3 _ BABPL Pleurain‐A3 OS＝Babina pleuraden PE＝2 SV＝1	Pleurain	contig_37142
139	sp｜A8B5Q0｜PLEA4 _ BABPL Pleurain‐A4 OS＝Babina pleuraden PE＝2 SV＝1	Pleurain	contig_62390
140	sp｜A8DY01｜PLEA1 _ BABPL Pleurain‐A1 OS＝Babina pleuraden PE＝1 SV＝1	Pleurain	contig_49439

（续）

序号	序列描述	家族和域	序列编号
141	tr｜B5L1L8｜B5L1L8 _ BABPL Pleurain－N antimicrobial peptide OS＝Babina pleuraden PE＝2 SV＝1	Pleurain	contig _ 48255，contig _ 49107，contig _ 49511，contig _ 50453，contig _ 54653，contig _ 55825
142	tr｜J7FJT5｜J7FJT5 _ 9NEOB Preprochensinin－1K OS＝Rana kukunoris PE＝2 SV＝1	Preprochensinin	contig _ 71304
143	tr｜J9JEE7｜J9JEE7 _ 9NEOB Preprobrevinin－2Ka OS＝Rana kukunoris PE＝2 SV＝1	Preprochensinin	contig _ 76398
144	tr｜E3SZK4｜E3SZK4 _ 9NEOB Ranacyclin－RA2 peptide OS＝Odorrana andersonii PE＝2 SV＝1	Ranacyclin	contig _ 72381
145	tr｜E3SZK5｜E3SZK5 _ 9NEOB Ranacyclin－RA3 peptide OS＝Odorrana andersonii PE＝2 SV＝1	Ranacyclin	contig _ 14931
146	tr｜G3E7W3｜G3E7W3 _ PELNI Ranacyclin－N protein（Fragment）OS＝Pelophylax nigromaculatus PE＝2 SV＝1	Ranacyclin	contig _ 29113，contig _ 40726
147	tr｜K7Z906｜K7Z906 _ AMOJI Ranacyclin－AJ antimicrobial peptide OS＝Amolops jingdongensis PE＝2 SV＝1	Ranacyclin	contig _ 75406
148	tr｜E3SZL2｜E3SZL2 _ 9NEOB Ranatuerin 2C－RA1 peptide OS＝Odorrana andersonii PE＝2 SV＝1	Ranatuerin	contig _ 13561
149	tr｜C5IAZ5｜C5IAZ5 _ LITCT Ranatuerin－1Cb antimicrobial peptide OS＝Lithobates catesbeiana PE＝2 SV＝1	Ranatuerin	contig _ 88531
150	sp｜Q8QFQ3｜RN2PA _ LITPI Ranatuerin－2Pa OS＝Lithobates pipiens PE＝2 SV＝1	Ranatuerin	contig _ 27810
151	tr｜D5MTH6｜D5MTH6 _ 9NEOB Ranatuerin－2TOa OS＝Rana tagoi okiensis PE＝2 SV＝1	Ranatuerin	contig _ 86931
152	tr｜E7EKI9｜E7EKI9 _ 9NEOB Ranatuerin－2SN1 antimicrobial peptide OS＝Hylarana spinulosa PE＝2 SV＝1	Ranatuerin	contig _ 83345
153	tr｜J9R283｜J9R283 _ 9NEOB Antimicrobial peptide ranatuerin－2ZHa OS＝Rana zhenhaiensis PE＝2 SV＝1	Ranatuerin	contig _ 23201
154	tr｜J9RWR8｜J9RWR8 _ RANBO Ranatuerin－2BYb OS＝Rana boylii PE＝2 SV＝1	Ranatuerin	contig _ 64995

（续）

序号	序列描述	家族和域	序列编号
155	tr｜F1AQK4｜F1AQK4 _ 9NEOB Rhacophorin－2 antimicrobial peptide OS＝Rhacophorus feae PE＝2 SV＝1	Ranatuerin	contig _ 82852
156	tr｜C0ILC7｜C0ILC7 _ RANNV Rugosin－RN antimicrobial peptide OS＝Rana nigrovittata PE＝2 SV＝1	Rugosin	contig _ 31949，contig _ 49648，contig _ 86305
157	tr｜C0ILE1｜C0ILE1 _ RANNV Rugosin－RN antimicrobial peptide OS＝Rana nigrovittata PE＝2 SV＝1	Rugosin	contig _ 55904
158	tr｜C0ILG1｜C0ILG1 _ RANNV Rugosin－RN antimicrobial peptide OS＝Rana nigrovittata PE＝2 SV＝1	Rugosin	contig _ 69682
159	sp｜Q29075｜NKL _ PIG Antimicrobial peptide NK－lysin（Fragment）OS＝Sus scrofa GN＝NKL PE＝1 SV＝1	Saposin	contig _ 5970，contig _ 6014，contig _ 23142
160	sp｜L0G8Z0｜KBX31 _ UROYA Antimicrobial peptide scorpine－like－1 OS＝Urodacus yaschenkoi PE＝2 SV＝1	Scorpine	contig _ 10232，contig _ 11251，contig _ 69436，contig _ 70432
161	sp｜L0GCI6｜NDB5F _ UROYA Antimicrobial peptide UyCT3 OS＝Urodacus yaschenkoi PE＝1 SV＝1	Scorpion	contig _ 26040
162	sp｜L0GCV8｜NDB5H _ UROYA Antimicrobial peptide UyCT1 OS＝Urodacus yaschenkoi PE＝2 SV＝1	Scorpion	contig _ 61937
163	tr｜E1AXE9｜E1AXE9 _ 9NEOB Temporin－MT1 antimicrobial peptide OS＝Amolops granulosus PE＝2 SV＝1	Temporin	contig _ 40273，contig _ 65636
164	tr｜E3SZL6｜E3SZL6 _ 9NEOB Temporin－1－RA2 peptide OS＝Odorrana andersonii PE＝2 SV＝1	Temporin	contig _ 23921
165	tr｜C7ENH5｜C7ENH5 _ FEJCA Tigerinin－RC1 OS＝Fejervarya cancrivora PE＝2 SV＝1	Tigerinin	contig _ 54325，contig _ 56615，contig _ 67118
166	tr｜C7ENH6｜C7ENH6 _ FEJCA Tigerinin－RC2 OS＝Fejervarya cancrivora PE＝2 SV＝1	Tigerinin	contig _ 58254
167	tr｜E7EKL7｜E7EKL7 _ 9NEOB Torrentin－A1 antimicrobial peptide OS＝Amolops torrentis PE＝2 SV＝1	Torrentin	contig _ 1389
168	sp｜P83455｜TPFY _ PACDA Tryptophyllin－1 OS＝Pachymedusa dacnicolor PE＝1 SV＝2	Tryptophillin	contig _ 70549，contig _ 83882

（续）

序号	序列描述	家族和域	序列编号
169	sp｜L0GCJ6｜TXUU _ UROYA Putative antimicrobial peptide 7848 OS＝Urodacus yaschenkoi PE＝2 SV＝1	NA	contig _ 27760，contig _ 51921
170	sp｜P0CI90｜SCA3 _ LYCMC Antimicrobial peptide 143 OS＝Lychas mucronatus PE＝2 SV＝1	NA	contig _ 26553，contig _ 39675，contig _ 54304，contig _ 58842，contig _ 84729
171	sp｜P0DMJ0｜AMP4 _ HETSP Antimicrobial peptide HsAp4 OS＝Heterometrus spinifer PE＝2 SV＝1	NA	contig _ 66866，contig _ 84869
172	sp｜Q5G8B4｜AP5 _ TITCO Putative antimicrobial peptide clone 5 OS＝Tityus costatus PE＝2 SV＝1	NA	contig _ 49169
173	sp｜Q718F4｜SCB1 _ MESMA Peptide BmKb1 OS＝Mesobuthus martensii PE＝1 SV＝1	NA	contig _ 51747，contig _ 76225
174	sp｜Q8MVA6｜ISAMP _ IXOSC Antimicrobial peptide ISAMP OS＝Ixodes scapularis PE＝1 SV＝1	NA	contig _ 75834
175	sp｜U4N938｜AMP _ STEME Antimicrobial peptide X precursor OS＝Stellaria media GN＝sm－amp－x PE＝1 SV＝1	NA	contig _ 4522，contig _ 4560
176	tr｜A0A067XJU5｜A0A067XJU5 _ ODOMA Host defense peptide palustrin－OM OS＝Odorrana margaretae PE＝2 SV＝1	NA	contig _ 79567，contig _ 81666
177	tr｜D2K8I9｜D2K8I9 _ 9NEOB Andersonin－9 antimicrobial peptide (Fragment) OS＝Odorrana andersonii PE＝2 SV＝1	NA	contig _ 6194，contig _ 10147，contig _ 11282，contig _ 11603，contig _ 19699，contig _ 22175，contig _ 27489，contig _ 32422，contig _ 32851，contig _ 32919，contig _ 34483，contig _ 36474，contig _ 37151，contig _ 42371，contig _ 45297，contig _ 45335，contig _ 46134，contig _ 46318，contig _ 50260，contig _ 55189，contig _ 57433，contig _ 58703，contig _ 59307，contig _ 63737，contig _ 64317，contig _ 68533，contig _ 68553，contig _ 72492，contig _ 72663，contig _ 73455，contig _ 73954，contig _ 74373，contig _ 74699，contig _ 75766，contig _ 80009，contig _ 85330，contig _ 90799

对入侵微生物的防御是所有多细胞生物面临的一个关键问题，宿主抗性机制的一个主要组成是先天免疫系统（Woodhams et al.，2012）。抗菌肽作为先天性免疫系统的主要有效分子，是由基因编码，核糖体合成的多肽，由 10～50 个氨基酸组成。所有抗菌肽都来自较大前体的蛋白水解过程，其中包括一个信号序列（Bai et al.，2013）。无尾两栖类动物（青蛙和蟾蜍）皮肤是抗菌肽的丰富来源，在某种程度上，所有已报道的分子很大一部分（约 2 444 种，见 http：//aps. unmc. edu/AP/main. php）都源自此类生物。两栖类动物来源的抗菌肽，包括最近分离获得的新成分，显示出广谱的抗微生物活性，对革兰氏阳性菌、革兰氏阴性菌、酵母等真菌、原生动物和病毒均有显著的杀灭活性（Rollins - Smith et al.，2005）。

通过对从 GenBank 下载的序列使用 BLASTX 搜索来预测候选的抗菌肽，GenBank 包含了先前识别的多种不同类别的抗菌肽前体。结果表明，在棘腹蛙皮肤中有 301 个转录本（177 个基因）被注释为抗菌肽（表 1-8）。为了验证皮肤组织中是否存在这 177 个预测的抗菌肽，随机选取 20 个转录本进行 RT - PCR 扩增。结果显示，成功扩增了 18 个转录本（图 1-6），这表明基于高通量转录组测序的抗菌肽预测是可靠的。根据氨基酸组成和结构域注释（Liu et al.，2012），这些在皮肤转录组中鉴定出的抗菌肽可分为 54 个家族，如布雷维宁 1（Brevinins - 1）、布雷维宁 2（Brevinins - 2）、雷那妥林 1（Ranatuerins - 1）、雷那妥林 2（Ranatuerins - 2）、七叶内酯 1（Esculentins - 1）、七叶内酯 2（Esculentins - 2）、加波尼森 1（Japonicin - 1）、加波尼森 2（Japonicin - 2）、苯胺黑（Nigrosin）、帕卢斯汀（Palustrin）、皱褶菌素（Rugosin）、埃格林（Gaegurin）、滕波林（Temporins）等。抗菌肽具有高选择性和高稳定性，特定物种分泌的抗菌肽在抗菌活性和序列结构上都具有特异性。虽然一种抗菌肽分子可以出现在不同的组织中，但其表达水平往往存在显著差异。例如，大多数抗菌肽在两栖动物皮肤中的表达水平显著高于其他组织（Kückelhaus et al.，2009）。其主要原因可能是皮肤组织中有丰富的腺体，包括黏液腺、颗粒腺等。棘腹蛙皮肤粗糙，含有丰富的排列疣，这些疣附着在大量腺体上。这些腺体通常是分泌生物活性化合物抵御病原体入侵的主要部件（Rollins - Smith et al.，2005）。棘腹蛙的皮肤分泌物能抑制某些细菌的生长，其抗菌活性优于黑斑蛙、中国林蛙和沼水蛙，尤其是对腐败希瓦氏菌和枯草芽孢杆菌抑菌效果显著。这些结果表明，棘腹蛙皮肤分泌物中可能含有大量或更多的有效抗菌肽。

为了验证这一结论，采用 RT - PCR 技术检测了 4 种抗菌肽在棘腹蛙和其他 3 种蛙皮肤中的表达水平（图 1-7）。结果显示，Japonicin 在棘腹蛙中的表达水平显著高于其他 3 种蛙。但是，其他 3 个种的抗菌肽表达水平在各组蛙间无显著性差异。Isaacson 等（2002）首次从日本林蛙（*Rana japonica*）皮肤中分离出 Japonicin 抗菌肽。实验发现棘腹蛙皮肤分泌物对枯草芽孢杆菌具有较强的抑菌活性，结合棘

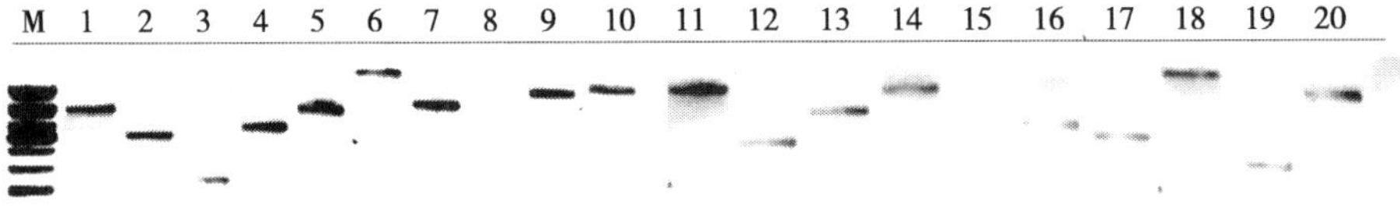

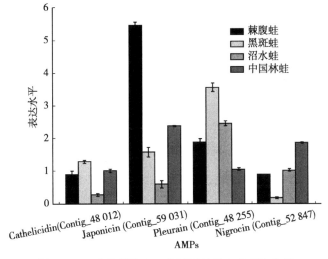

图 1-6 含有抗菌肽的 20 个转录本的 PT-PCR 扩增

M：marker，DL1000 1：Contig_42371，D2K8I9_9NEOB Andersonin-9 2：Contig_54325，
Tigerinin 3：Contig_48255，Pleurain 4：Contig_48012，Cathelicidin 5：Contig_43219，Brevinin-2
6：Contig_9615，Cathelicidin 7：Contig_45686，Amurin 8：Contig_84869，AMP4_HETSP
9：Contig_39753，Brevinin-2 10：Contig_34349，Esculentin-1 11：Contig_39445，Brevinin
12：Contig_69787，Brevinin-2 13：Contig_41711，Parkerin 14：Contig_27810，Ranatuerin-2
15：Contig_51654，Brevinin-2 16：Contig_54884，Gaegurin 17：Contig_52847，Nigrocin
18：Contig_10232，Scorpine 19：Contig_59031，Japonicin 20：Contig_37142，Pleurain

腹蛙中 Japonicin 的表达，推断生活环境的多样性引起两栖动物选择不同的生存策略。考虑到两栖动物复杂的生存环境，抗菌肽不仅发挥抗菌作用，还可能发挥其他重要的功能，如抗氧化性（Jiang et al.，2009），但这些推论还有待进一步阐明。此外，环境和进化的多样性为抗菌肽的开发提供了理论基础，这些序列为已鉴定的成熟肽设计引物来表征基因表达和全长 cDNA 验证提供了基础。

图 1-7 4 个抗菌肽在 4 种不同蛙种中的表达分析

第四节 小 结

在《中国濒危动物红皮书》中，棘腹蛙被列为濒危物种。因此，合理开发和利用棘腹蛙资源对保护这一濒危物种具有重要意义。本研究比较了黑斑蛙、沼水蛙、中国林蛙和棘腹蛙皮肤分泌物的抑菌活性。结果表明，相比之下，棘腹蛙的皮肤分泌物具有更强的抑菌活性，特别是对枯草芽孢杆菌的抑菌活性效果显著。随后，对棘腹蛙皮肤进行转录组测序，得到 121.6Mb 干净数据，包括 94 108 个长度≥300bp 的序列。这些序列信息对今后的许多学科研究具有重要意义。此外，根据 BLASTX 注释和结构域预测，从棘腹蛙皮肤中预测获得了 177 个抗菌肽和 9 个不同的 Toll 样受体。所有抗菌肽中，Japonicin 在棘腹蛙中表达量较高，说明棘腹蛙与环境之间存在着相互进化关系。

第二章

棘腹蛙编码区简单重复序列特征分析

第一节　简单重复序列研究概述

简单重复序列（SSR）突变率高、多态性强，是研究种群遗传多样性、近交衰退、种群遗传结构和适应潜力、分类和系统进化等的有力工具。SSR普遍存在于原核、真核生物基因组中，其侧翼序列比较保守，核心区以1～6个碱基组成串联重复序列。传统的SSR获取主要有3种途径：一是利用其他物种已有的标记直接克隆，这种方法在中国鱼类群体遗传结构研究中较常见，如利用鲤标记分析鲢、鳙、草鱼等的研究（廖小林等，2005）。然而，这种方法工作量大、效率低，而且高度依赖侧翼序列的保守性。二是构建富含SSR位点的基因组文库，通过杂交筛选出含有SSR的阳性克隆，但是筛选过程较复杂，筛选效率低，需要大量的人力和资金投入。三是基于"生物素—磁珠"富集的SSR克隆技术，该技术使SSR这一共显性标记能够高效快速的克隆，使微卫星序列能很快用于种质鉴定和育种研究之中。随着高通量测序技术的发展，为SSR测序带来了革命性的变化，它一次可对几十万到几百万条DNA分子进行序列测定，使得从基因组和转录组水平对一个物种进行全面分析成为可能。目前已经在草鱼（*Ctenopharyngodon idella*）、鲢、团头鲂（*Megalobrama amblycephala*）、斑马鱼（*Danio rerio*）、中国明对虾（*Fenneropenaeus chinensis*）等数百个物种进行了大规模测序和SSR分布特征分析（曾聪等，2013）。这些结果为遗传多样性分析、连锁图谱制作、疾病连锁分析和品种鉴定等方面提供了可能。

第二节　棘腹蛙编码区简单重复序列及丰度

利用RNA-seq高通量测序平台，对棘腹蛙进行转录组测序，并分析其SSR组成及特征，旨在了解棘腹蛙SSR的特征继而为SSR标记的开发提供理论基础。

一、测序及拼接结果

试验用棘腹蛙（重庆酉阳）生长在实验室的流水养殖系统中，随机挑选健康的 2 龄成蛙 6 只，采集皮肤、肝脏、肾脏、肌肉、脑、心脏组织，立即用液氮冷冻，存于−80℃备用。参照 Trizol 试剂盒（Invitrogen，美国）说明书提取 RNA。RNA 的完整性通过 1% 琼脂糖凝胶电泳检测，浓度用紫外分光光度计（Amersham，美国）检测。各组织 RNA 经检测后等量混合，使用 Illumina 公司的 Hiseq 2 000进行 RNA 测序。以 FastQC 软件（http：//www. bioinformatics. bbsrc. ac. uk/projects/fastqc）评估转录组测序质量，利用 Trim ＿ galore 脚本（http：//www. bioinformatics. bbsrc. ac. uk/projects/trim ＿ galore）去除低质量序列和接头序列，获得干净的读长（Clean Reads）数据。干净的读长用 Trinity 软件包（https：//trinityrnaseq. github. io）进行从头合成（*de novo*）组装，使用 cd－est－hit 软件（http：//weizhong－lab. ucsd. edu/cd－hit）进行序列聚类，去除冗余。

利用 Illumina Solax 测序平台进行棘腹蛙转录组测序，经 Trim ＿ galore 脚本去除低质量序列和接头序列后，获得 76 891 848 对长度为 100bp 的干净的读长。经 Trinity 软件包拼接及 cd－hit－est 软件聚类后共获得 121.6 Mb 的棘腹蛙转录组序列，其中有 94 108 条无冗余的叠连群序列，平均长度 1 293bp，最大长度 17 335bp（表 2－1），其中 AT 比例为 52.33%，GC 比例为 47.67%。

表 2－1　棘腹蛙录组测序组装质量评估

项目	特征
双末端读长数	76 891 848
叠连群数	94 108
叠连群≥2 000bp	17 596
叠连群≥1 000bp	35 198
平均长度/bp	1 293
最大长度/bp	17 335
N50 长度/bp	2 257

二、简单重复序列预测

SSR 位点的搜索及分析，采用 Misa 脚本（http：//pgrc. ipk － gatersleben. de/misa/misa. html）从叠连群（Contig）转录本中查找 1～6 碱基重复核心的 SSR 位点，SSR 的查找标准为不同重复核心的 SSR 总重复序列长度不低于 18 个核苷酸（1～18，2～9，3～6，4～5，5～4，6～3），2 个 SSR 位点的间隔最大为 10bp（Kofler et al.，2008）。侧翼序列的查找通过自编 Perl 脚本，对 SSR 核心序列上游 100 nt 和下游 100 nt（剔除上下游序列少于 50 nt 的 Contig）进行 GC 含量分析，用 Blastn 程序对 SSR 侧翼序列比对分析，其中 E 值设置为 1.0 E－5。

SSR 按重复序列结构的不同，可分为完整型 SSR（Perfect SSR）、不完整型 SSR（Imperfect SSR）以及复合型 SSR（Compound SSR）。完整型 SSR 由 1 种重复单元以不间断的重复方式构成单一重复类型的 SSR；不完整型 SSR 是指 2 个或 2 个以上的同类型重复单元被 3 个或 3 个以下的非重复碱基分隔；复合型 SSR 指 2 个或 2 个以上的不同重复单元序列被 3 个或者 3 个以上连续的非重复碱基所间隔（Weber，1990）。本研究通过 Misa 脚本对棘腹蛙转录组 Contig 序列进行 SSR 查找，从总长为 121 644 048bp 的 94 108 条 Contig 序列中发现了 3 165 个 SSR 位点，这些位点包含于 3 034 条 Contig 序列中，其中完整型 SSR、不完整型 SSR 以及复合型 SSR 分别为 3 023、112、15 条（表 2 - 2）。

表 2 - 2　棘腹蛙转录组序列 SSR 预测

项目	数量
叠连群数	94 108
文库大小/bp	121 644 048
简单重复序列数	3 165
简单重复序列密度（叠连群）	0.03
完整的简单重复序列	3 023
不完整的简单重复序列	112
简单重复序列形成的化合物	15

SSR 标记是了解种群结构、种群动态和基因流等分子生态学问题的重要工具之一（Rowe et al.，2000）。近年来，该技术在两栖动物分子生态学的研究日趋增多，但相对于其他脊椎动物的研究仍处于初级阶段，可能与两栖动物基因组中存在大量的重复序列，导致较低的 SSR 位点筛选成功率相关（Garner，2002；Jehle et al.，2002；Yuan et al.，2015）。本研究利用高通量测序技术分析了棘腹蛙总长为 121 644 048bp 的编码区序列，获得了 3 165 个 SSR 位点，丰富了棘腹蛙 SSR 标记数据库，为后续棘腹蛙不同群体的鉴定及地理生态学的研究提供了基础。

三、简单重复序列丰度分析

棘腹蛙转录组 Contig 数据库中，单碱基重复的 SSR 含量最多，约占总数的 29.0%，之后为三碱基（25.2%）、二碱基（21.7%）、四碱基（10.0%）、六碱基（10.0%）、五碱基（3.0%）（表 2 - 3）。从棘腹蛙编码区 SSR 分布的密度来看，平均每 1Mb 碱基中出现了 26.01 个 SSR，不同重复类型 SSR 数量和密度有明显差异（表 2 - 3）。

表 2－3 不同重复类型 SSR 所占比例及分布密度

重复类型	SSR 数量	所占比例/%	密度/（SSR/Mb）
单碱基	919	29.0	7.56
二碱基	687	21.7	5.65
三碱基	799	25.2	6.57
四碱基	317	10.0	2.61
五碱基	96	3.0	0.79
六碱基	317	10.0	2.61
复合碱基	15	0.50	0.12

目前已在树蛙（*Dendropsophus minutus*）、高山倭蛙（*Nanorana parkeri*）、鳙（*Aristichthys nobilis*）、岩原鲤（*Procypris rabaudi*）、稀有鮈鲫（*Gobiocypris rarus*）等物种中分离出大量的 SSR 分子标记（鲁翠云等，2005），主要以二碱基核苷酸核心序列为主，然而在棘腹蛙转录组序列中，三碱基重复类型是仅次于单碱基重复的类型。

四、优势重复单元碱基在简单重复序列中的组成分析

每种碱基重复单元包含不同种类的碱基，其中单碱基 SSR 由 2 种不同的重复单元碱基组成，二碱基、三碱基、四碱基、五碱基、六碱基 SSR 分别由 3、10、23、38、83 种组成，复合型碱基 SSR 由 21 种不同重复单元组成。统计棘腹蛙不同类型 SSR 中各重复单元数量的变化情况，发现单碱基重复 SSR 中，A/T 为最主要的重复单元，共 863 个，占 93.3%；在二碱基重复类型中，AC/GT 重复的数量最多，共 436 个，占 60.4%；在三碱基重复类型中，AGG/CCT 为最主要的重复单元，占 22.8%，其次为 ATC/ATG（18.7%）、AAT/ATT（17.9%）、ACC/GGT（12.3%）、AGC/CTG（12.3%），其他重复碱基类型则相对较少；在四碱基重复类型中，ACAT/ATCT 数量最多，占 31.6%；38 种五碱基重复类型中，AAAT/ATTTT 重复的数量最多，共 36 个占 21.6%，其他的重复类型较少；83 种六碱基重复类型中，AAAAAG/CTTTTT 和 AAGCTC/AGCTTG 的重复数量最多，分别占 11.4% 和 10.1%。

棘腹蛙转录组中单碱基（A/T）重复是最丰富的一类 SSR，占编码区 SSR 总量的 27.3%，属于绝对优势类型。然而，考虑到本研究是基于转录组测序结果进行，单碱基（A/T）重复的高丰度可能与 mRNA 的 poly（A/T）结构有关。为了验证这一结果，统计了位于 Contig 序列 3′或者 5′端的 SSR 数量，结果显示 88.2% 的 A/T 核心重复 SSR 位于 Contig 序列的 3′或者 5′端（数据未显示），说明通过转录组数据筛选到的 SSR 标记，尤其是以 A/T 为重复核心的 SSR 标记，

存在较多的假阳性，在 SSR 标记的开发过程中应该加以区分。

第三节 棘腹蛙编码区简单重复序列长度及侧翼序列

一、简单重复序列长度分布及变异分析

根据 Misa 脚本的查找结果，棘腹蛙编码区 SSR 的平均长度为 20.4bp，最长为 136bp，以 18～24bp 为主，长度大于 24bp SSR 仅占 0.92％（图 2-1）。为了解不同长度重复单元 SSR 长度的变异情况，分析了不同重复类型 SSR 的相对丰度与重复次数的关系，结果表明棘腹蛙 SSR 相对丰度随着重复次数的增加而减少，但不同长度重复单元 SSR 的下降速度不同。单碱基核心重复次数超过 24 次（数据未显示）、二碱基超过 12 次、三碱基超过 8 次、四碱基超过 6 次、五碱基超过 5 次、六碱基超过 4 次后相对丰度接近于 0。从重复次数变化看出，三碱基核心 SSR 长度的变化次数最高，二碱基和四碱基核心次之，六碱基核心次数最少（表 2-4）。

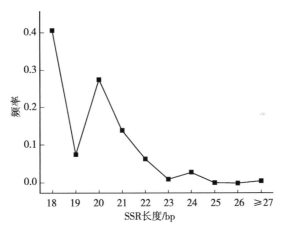

图 2-1 棘腹蛙 SSR 长度分布及不同长度 SSR 频率

表 2-4 不同重复单元 SSR 长度变异分析

重复次数	单碱基重复	二碱基重复	三碱基重复	四碱基重复	五碱基重复	六碱基重复
3						304
4					81	11
5				287	13	2
6			502	31	2	
7			275	2	1	
8			26	1		

(续)

重复次数	单碱基重复	二碱基重复	三碱基重复	四碱基重复	五碱基重复	六碱基重复
9		274	1	1		
10		270				
11		138	2			
12		12				
13			1			
18	200					
19	232					
≥20	493		1	1		

Kijas 在有关于碱基重复类型的研究中指出，三碱基和四碱基重复单元比二碱基重复单元具有更高的遗传稳定性。但由于三、四碱基核苷酸在真核生物基因组重复较少，而传统的分离方法效率较低，能够获得的序列有限，而高通量测序的应用完美地解决了这个难题。曾晓芸等（2015）通过 Mi-Seq 筛选裸体异鳔鳅鮀（Xenophysogobio nudicorpa）的 SSR 标记，发现三碱基重复类型中优势类型是 AAT，而本研究中却是 AGG，原因可能是通过编码区筛选到的 SSR 与基因组筛选 SSR 存在差异。棘腹蛙二核苷酸重复类型中 AC/GT 重复最多，与中国明对虾、杂色鲍（Haliotis diversicolor）和仿刺参（Apostichopus japonicus）等大多数水产动物的研究结果相一致，这可能与不同编码基因的碱基组成偏好及体内甲基化酶活性有关。在四、五、六核苷酸重复中，重复单元种类分别有 23 种、38 种和 83 种，重复类型丰富，但分布相对分散，说明碱基偏倚性不太明显。从棘腹蛙 SSR 的单元重复次数和长度来看，主要集中在 6 次重复，约 20bp。通常认为 SSR 重复单元长度的变化与选择压密切相关，重复单元长度越长，所受的选择压力越大，拷贝数就越少，因此基因组中长度较短的 SSR 变异速率较快，而较长的重复单元变异速率较慢，相对较为稳定（Samadi et al., 1998）。

二、简单重复序列侧翼序列分析

利用 perl 脚本截取 SSR 序列上下游各 100nt 的侧翼序列进行 GC 含量分析，结果显示棘腹蛙编码区 SSR 上游序列的 GC 含量主要集中在 38% 左右（图 2-2A），下游序列的 GC 含量主要在 41% 左右（图 2-2B），均显著低于转录组整体 GC 含量（47%）（图 2-2C）。利用本地 Blastn 程序对成对存在的上下游侧翼序列（1 160 对）与组装的棘腹蛙转录组序列进行同源比对，发现上下游侧翼序列的查询覆盖率均为 100%，其中 834 对侧翼序列为单拷贝，326 对侧翼序列查询为多拷贝，特异性比例为 71.9%。

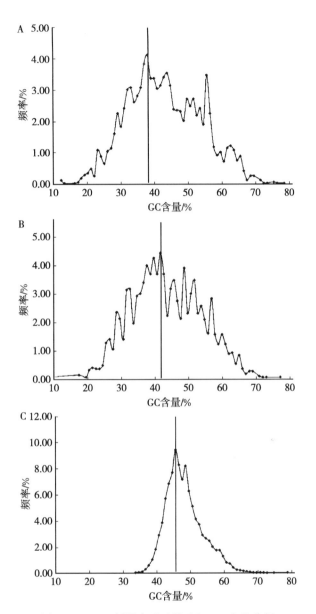

图 2-2 SSR 侧翼序列及转录组 GC 含量分析

A：SSR 上游侧翼序列 GC 含量 B：SSR 下游侧翼序列 GC 含量 C：转录组序列 GC 含量

SSR 均由中间的核心区和外围的侧翼区两部分构成（Mrázek et al.，2007）。核心区为串联在一起的重复序列，重复单元数目多样，串联重复单元的上下游序列为侧翼区。对棘腹蛙编码区 SSR 侧翼序列的分析发现，上游与下游侧翼区 GC 含量均低于转录组整体（图 2-2），这在一定程度上说明侧翼序列对 AT 的偏好性。利用本地 Blastn 程序比对成对存在的 1 160 对上下游侧翼序列与所测的棘腹蛙转录组序列，发现 834 对侧翼序列位于单一 SSR 的两侧，为单拷贝，根据这些序列设计引物能够特异扩增出含有相应 SSR 序列的位点；另有 326 对侧翼序列不仅出现在 SSR 的两侧，同时也出现在非 SSR 区域，为多拷贝，因此根据这些侧翼序列设计引物不能特异性的扩增出 SSR 位点。在常规的 SSR 引物设计中，通常利用试验筛选合适的引物，工作耗时又存在误差。本研究中利用序列比对分析，可以为后期 SSR 引物的开发提供一种可靠而快速的方法。

尽管转录组 SSR 标记在揭示遗传多态性方面要低于基因组 SSR 标记，但是由于转录组 SSR 代表了编码基因表达的信息，能为功能基因提供"绝对"标记（张琼等，2010），而且转录组 SSR 标记的种间通用性较好，从而更有利于分子生态学的研究。因此，本研究对 SSR 标记地开发，对研究棘腹蛙的亲子谱系分析、群体遗传结构分析、图谱构建以及分子辅助育种等方面具有重要参考和利用价值。

第四节 小 结

棘腹蛙的遗传研究和基因组信息比较匮乏，致使可有效利用的分子标记非常有限。以棘腹蛙 RNA-seq 高通量测序数据为基础进行 SSR 分子标记的大规模发掘和特征分析，结果显示，在 121.6Mb 的棘腹蛙转录组序列中发现 SSR 位点 3 165 个，包含于 3 034 条 Contig 序列中。在筛选到的 1～6 碱基重复核心的 SSR 中，单碱基重复核心的比例最高，之后为三碱基、二碱基、四碱基、六碱基和五碱基重复核心，分别占 29.0%、25.2%、21.7%、10.0%、10.0% 和 3.0%。其中 A/T、AC/GT、AGG/CCT、ACAT/ATCT、AAAAT/ATTTT 和 AAAAAG/CTTTTT 分别是单碱基、二碱基、三碱基、四碱基、五碱基、六碱基重复类型中对应的优势重复单元。棘腹蛙编码区 SSR 多为重复长度小于 24bp 的短序列，长度大于 24bp 的 SSR 仅占总数的 0.92%。分析编码区 SSR 的侧翼序列发现，SSR 侧翼序列的 GC 含量显著低于转录组整体 GC 含量，且在含有 SSR 上下游侧翼序列的 Contig 中，71.9% 的序列可以设计引物特异扩增出含有 SSR 序列的位点。研究结果为棘腹蛙的遗传研究和分子系统地理学研究提供了丰富的序列信息和标记资源。

第三章

棘腹蛙剪接因子 *SRSF2* 基因克隆及序列分析

第一节　棘腹蛙剪接因子的功能

RNA 剪接（RNA splicing）在真核生物的生长发育过程中具有重要的生物学功能。目前已知，信使 RNA（mRNA）前体的剪接由称之为剪接体（Spliceosome）的核糖核蛋白复合物介导，该复合物包含 5 种核内小核糖体 RNA（rRNA）和众多的蛋白质因子。RNA 的剪接是一个动态的过程，机体通过不断地调整与小 rRNA 和蛋白因子的结合与释放顺序来完成基因的剪接过程。参与剪接过程的蛋白质因子主要包括 SR 和 hnRNP 两大家族。SR 蛋白家族成员都具有一个富含丝氨酸/精氨酸（S/R）重复序列的 RS 结构域，在 RNA 剪接体的组装和选择性剪接的调控过程中具有重要的作用（Karni et al.，2007）。绝大多数 SR 蛋白是生存的必需因子，通过其 RS 结构域和特有的其他结构域，实现与前体 mRNA 的特异性序列或其他剪接因子的相互作用，协同完成剪接位点的正确选择或促进剪接体的形成。此外，SR 蛋白除了参与剪接过程外，还参与介导成熟 mRNA 的出孔及翻译等剪接后的过程。

棘腹蛙的发育属于变态发育，整个发育过程需要经过受精卵、蝌蚪、幼蛙和成蛙 4 个时期。每个发育时期都伴随着组织、器官及形态上的变化，引起这些变化的根本原因是基因的时空表达。因此，基于棘腹蛙转录组数据库信息以及已知的其他物种来源的丝氨酸/精氨酸富集剪接因子 2（Serine/Arginine‒rich Splicing Factor2，*SRSF2*）序列信息，首先克隆棘腹蛙来源的 *SRSF2*，然后研究其在不同的生长环境下的表达规律，为棘腹蛙的变态发育以及疾病治疗或害虫防治等研究提供重要基因序列信息。

第二节　棘腹蛙剪接因子 *SRSF2* 基因克隆

棘腹蛙（西阳）生长在重庆文理学院水产资源保护与开发研究中心的流水养殖系统中，挑选健康的 2 龄成蛙，采用双毁髓法处死后取其背部皮肤组织，立即放入液氮中保存。

一、棘腹蛙总 RNA 提取

总 RNA 的提取根据 TRIzol 试剂盒（Invitrogen，美国）说明书进行。取 50mg 棘腹蛙组织，液氮速冻后于预冷的研钵中迅速研磨至粉末，转移至 1.5mL 的离心管中，加入 1mL TRIzol 试剂于室温静置 5min；再加入 200μL 氯仿，涡旋混匀后室温放置 3～5min；待其分层后 4℃、12 000×g 离心 15min；收集水相，加入等体积预冷的异丙醇，室温放置 15min 后 4℃、12 000×g 离心 10min；并收集沉淀，加 75% 的乙醇洗涤，室温晾干，加入 30～50μL ddH$_2$O 溶解 RNA。RNA 的完整性通过 1% 琼脂糖凝胶电泳检测，RNA 浓度用紫外分光光度计（Amersham，美国）测定。

二、第一链 cDNA 的合成

cDNA 的合成根据 Roche 第一链 cDNA 合成试剂盒（Transcriptor First Strand cDNA Synthesis Kit，Roche，德国）说明书进行。在 0.5mL 无核糖核酸酶离心管（RNase free EP）中加入 3μL 总 RNA，1μL Oligo（dT）引物（50μmol/L），9μL 无核糖核酸酶双蒸水（RNase free ddH$_2$O）。将混合物 65℃ 孵育 10min，迅速在冰上冷却 2min，短暂离心，然后加入 4μL 5×第一链缓冲液（First - strand Buffer），0.5μL 核糖核酸酶抑制剂（RNase Inhibitor）（40 U/μL），2μL 脱氧核苷酸混合物（Deoxynucleotide Mix）（10mmol/L），0.5μL 转录逆转录酶（Transcriptor Reverse Transcriptase）（20 U/μL）。将混合物颠倒混匀，25℃ 孵育 10min，随后 50℃ 孵育 60min。85℃ 孵育 5min，终止反应。所得第一链 cDNA 产物可稀释后或直接用于 PCR 反应。

三、DNA 的提取

取约 0.2g 棘腹蛙组织，置于 1.5mL 离心管中，剪碎，加入 0.48mL 十二烷基硫酸钠-三羟甲基氨基甲烷盐酸-乙二胺四乙酸（STE）混合液 [100mmol/L NaCl、5mmol/L 乙二胺四乙酸（EDTA）、10mmol/L 三羟甲基氨基甲烷-盐酸（Tris - HCl）（pH 为 8.0）] 混匀，再加入 50μL 十二烷基硫酸钠（SDS）（10%），10μL 蛋白酶 K（20mg/mL），充分混匀后，于 56℃ 保温 4～6h；加入等体积饱和酚（500μL），颠倒混匀，10 000×g 离心 10min；收集水相，加入等体积酚：氯仿：异戊醇（25：24：1）混合液，颠倒混匀，10 000×g 离心 10min；收集上层水相，加入等体积氯仿：异戊醇（24：1）混合液，颠倒混匀，10 000×g 离心 10min；收集水相，加入 2.5 倍体积的−20℃ 预冷的无水乙醇沉淀 DNA，12 000×g 离心 10min；

收集沉淀，用 75％乙醇洗涤 2 次，55℃干燥，加入 200μL 三羟甲基氨基甲烷盐酸-乙二胺四乙酸（TE）混合液溶解 DNA，4℃保存，备用。

四、*SRSF2* 基因克隆

从 GenBank 数据库（http：//www.ncbi.nlm.nih.gov/genbank）中下载已公布的 *SRSF2* 氨基酸序列，利用 DNAMAN 软件分析寻找其保守区域，然后以保守区域搜索本实验室（重庆珍稀濒危水产资源保护与开发研究中心）构建的棘腹蛙转录组数据库，找出编码棘腹蛙 *SRSF2* 的转录本，根据该转录本设计特异性引物。本研究中使用的引物为：SRSF2F（5′- AGTTTAGCGGCCATGAGTTAC – 3′）、SRSF2R（5′- CTAGGATGAC ACTGCTCCTTC – 3′）。在 0.2mL 的离心（EP）管中按下列组分配成 PCR 反应体系（25μL）：10×PCR 缓冲液（Buffer）2.5μL，Mg^{2+}（25mmol/L）1.5μL。dNTP mixture（2mmol/L）2.5μL，SRSF2F（10μmol/L）、SRSF2R（10μmol/L）各 0.5μL，高保真-高效率-高速聚合酶链式反应酶（KOD - Plus - Neo）（1 U/μL）（TOYOBO，日本）0.5μL，反转录产物 1μL，过氧化氢（ddH_2O）16μL，混匀后瞬时离心。PCR 反应条件为：94℃预变性 2min；98℃ 10s，57℃ 30s，68℃ 1min，共 30 个循环；68℃后延伸 1min。PCR 产物经 1％琼脂糖凝胶电泳检测后用 DNA 凝胶回收试剂盒回收。用 DNAStar 软件进行序列同源比对、蛋白质等电点、分子质量及其同源性分析。

在 Trinity 组装的转录组数据库基础上，从 GenBank 数据库中下载所有已公布的 *SRSF2* 序列，利用 DNAMAN 软件分析找出其保守区域，然后以保守区域 SRSRSKSRSRSRSR 和 SRSRSPSPPKSP 来搜索棘腹蛙转录组数据库，发现有 3 条编码 *SRSF2* 的 contig 转录本，分别为 contig _ 21257、contig _ 40129 和 contig _ 45121。这些 contig 转录本中，仅长度为 1 709bp 的 contig _ 21257 有完整的 *SRSF2* 编码序列，包含 145bp 的 5′非翻译区（5′- UTR）、完整 ORF 序列和 922bp 的 3′非翻译区（3′- UTR）。而长度为 801bp 的 contig _ 40129 含 345bp 5′- UTR 和部分编码区序列，长度为 724bp 的 contig _ 45121 含部分编码区序列和 238bp 3′- UTR。

为了解 *SRSF2* 在不同样品间的表达规律，首先通过 PCR 的方法克隆了 *SRSF2* 的完整 ORF 序列。*SRSF2* 的序列分析结果表明，*SRSF2* 的 ORF 长度为 642bp（图 3 - 1），编码 213 个氨基酸残基，相对分子质量（Mr）为 24.6×10^3，等电点为 12.1。对 *SRSF2* 序列的氨基酸组成分析发现，丝氨酸和精氨酸的出现频率最高，分别出现了 44 次、47 次。根据智人（*Homo sapiens*）SRSF2 氨基酸序列的结构域，发现棘腹蛙来源的 SRSF2 也具有相似的近氨基端的 RNA 识别结构域（RRM）结构域和精氨酸/丝氨酸富集结构域（富集结构域）［Arg/ Ser - rich（RS domain）］（图 3 - 2A）。有趣的是，在智人 SRSF2 的 111～116 位氨基酸构成了 1 个甘氨酸富集（铰链区）［Gly - rich（hinge region）］结构域，但是在棘腹蛙来源的 SRSF2 却不存在 Gly - rich（hinge region）结构域。

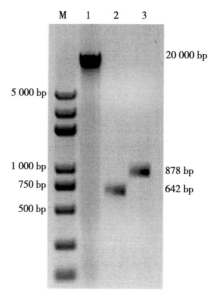

图 3 - 1 *SRSF2* 基因的 PCR 扩增

M：BM5 000 标志物 1：棘腹蛙基因组 DNA 2：cDNA 为模板扩增 *SRSF2* ORF 序列 3：基因组 DNA 为模板扩增 *SRSF2* 基因序列

为进一步了解 SRSF2 的基因结构，以棘腹蛙基因组 DNA 为模板，利用扩增 SRSF2 完整 ORF 序列的引物为引物，扩增到 SRSF2 的基因序列。将 SRSF2 的基因序列插入到 pMD - 19T 载体，然后转化大肠杆菌 JM109，挑取阳性单克隆测序。测序结果显示 SRSF2 的基因序列的长度为 878bp，通过比对 cDNA 来源和基因组来源的序列，发现 *SRSF2* 基因 ORF 内含有 1 个内含子和 2 个外显子，内含子长度为 236bp（图 3 - 2B）。

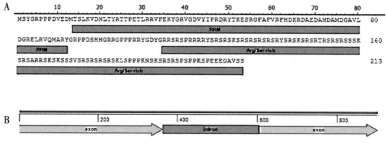

图 3 - 2 *SRSF2* 的结构

A：SRSF2 蛋白质的功能域 B：*SRSF2* 基因的基因结构 RRM：RNA 识别基序 Arg/Ser - rich：精氨酸/丝氨酸富集区域 Exon：外显子 Intron：内含子

真核生物经转录形成的前信使 RNA（pre - mRNA），需经过多种加工过程，才能产生成熟的 mRNA 进入胞浆。在真核生物体内这种加工方式主要包括两种：结构性剪接和可变剪接。前者是指一个基因只产生一种转录体；后者是指从一个 mRNA 前体中通过不同的剪接方式（选择不同的剪接位点组合）产生不同的 mRNA 剪接变异体的过程。可变剪接是调节基因表达和产生蛋白质组多样性的重要机制。剪接过程受多种顺式作用序列和反式作用因子相互作用调节。包括 SR 和 hnRNP 两大家族蛋白质在内的多种剪接因子参与这一调节过程。SR 家族成员都具有一个富含丝氨酸/精氨酸（S/R）重复序列的 RS 结构域，基于棘腹蛙转录组数据库，首次克隆到的棘腹蛙来源的 SRSF2 就属于 SR 家族中的成员之一（图 3-2）。

第三节　棘腹蛙剪接因子 SRSF2 序列分析

一、*SRSF2* 差异表达

分别提取在 15、21、27、30℃ 环境下孵化并生长 60d 的棘腹蛙总 RNA，根据 Illumina 公司的流程构建棘腹蛙这 4 个时间点的 RNA-Seq 数据库，用 Bowtie 2.0 软件将每个 RNA-Seq 数据库中的读长与 SRSF2 映射，映射到 *SRSF2* 序列的读长数目可粗略反映不同处理样品的表达水平，采用 FPKM（Reads Per Kilobase of exon model per Million mapped reads）算法对读长数目进行标准化处理，得到 *SRSF2* 在 15、21、27、30℃ 4 个处理样品中的表达丰度。

为了解 *SRSF2* 在棘腹蛙不同的生长环境以及不同的发育阶段的表达规律，利用数字表达谱对 *SRSF2* 进行了分析，结果表明，在 15、21、27、30℃ 环境下生长的棘腹蛙 *SRSF2* 基因表达具有明显的差异（图 3-3A）。当棘腹蛙生活在 21℃ 时，其 *SRSF2* 的表达量最高，而在其他温度下的表达量相对较低。前期的试验结果表明，棘腹蛙在 21℃ 的环境中能够较快地完成蝌蚪到成蛙的变态过程；在 15℃ 时，棘腹蛙蝌蚪的体型虽然会不断地增大，但是完成变态所需要的时间却远远超过生长在 21℃ 环境下的蝌蚪；当生活在 27℃ 及以上温度时，棘腹蛙蝌蚪的生长发育基本停滞，不能顺利完成变态的过程。基于上述结果推断，*SRSF2* 的表达可能受到温度的影响，而 *SRSF2* 的表达量又会影响其他众多基因的时空表达，最终影响棘腹蛙蝌蚪的生长发育。

此外，为了进一步验证数字表达谱的可靠性，利用半定量 RT-PCR 方法分析了不同生长条件下 *SRSF2* 的表达丰度。根据 SRSF2 及甘油醛-3-磷酸（GAPDH）的基因序列设计特异性引物，以在 15、21、27、30℃ 环境下孵化并生长至 60d 的 cDNA 为模板，利用 PCR 分别扩增 *SRSF2* 和 *GAPDH* 的基因片段进行半定量分析。扩增引物分别为：SRSF2 F/R 5′-AGGCGACGACGCTATAGC-3′，5′-CTAGGATGACACTGCTCCTTC-3′；GAPDH F/R 5′-ACCACAGTCCATGCCATCAC-3′，5′-TCCACCACC CTGTTGCTGTA-3′。

不同处理的样品 cDNA 浓度先以 *GAPDH* 基因的表达量为标准调成一致，再以其作为模板扩增 *SRSF2* 基因。寻找待扩增样品的 PCR 指数曲线的线性期，然后以线性期所对应的循环数进行 PCR 扩增。扩增 *SRSF2* 退火温度为 57℃，共 31 个循环；扩增 *GAPDH* 退火温度为 57℃，共 26 个循环。扩增后各取 4μL 琼脂糖凝胶电泳拍照，再用 Bio－Rad Quantity One 软件进行光密度分析。半定量 RT－PCR 方法分析不同生长条件下 *SRSF2* 的表达丰度，结果表明两者的数据基本一致（图 3－3B）。

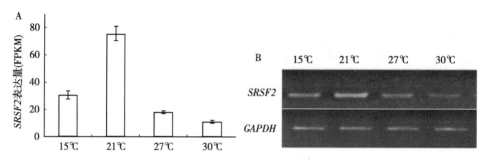

图 3－3 *SRSF2* 基因在不同温度下的差异表达

A：基于 RNA－seq 的 *SRSF2* 表达量分析　B：基于半定量 RT－PCR 的 *SRSF2* 表达量分析

注：FPKM 为每 100 万个映射（map）上的读长中映射到 1 000 个碱基上的读长个数

由于 SR 蛋白在选择性剪接中主要是以剂量依赖的形式发挥作用，因此如果 SR 蛋白的表达水平或 SR 蛋白的修饰水平发生改变，可能会影响 SR 蛋白特异性调控的基因，进而影响到细胞的增殖和分化。*SRSF2* 的差异表达分析结果表明，*SRSF2* 在同一发育阶段不同的生长环境下其表达量存在明显的差异，说明 *SRSF2* 的表达受温度的调控，同时 *SRSF2* 的表达又影响棘腹蛙的变态发育。通过基因敲除试验，发现 SF2/ASF 对小鼠的心脏发育有着重要的影响，并证明 SF2/ASF 对于心脏发育的重要基因 *CaMKIId* 的选择性剪接起到调控作用 (Ghigna et al., 2005)。此外，有研究表明，SF2/ASF 可以调控原癌基因 *Ron* 的选择性剪接，而 *Ron* 的不同选择性剪接产物和肿瘤细胞的迁移有着直接的关系。但是，到目前为止，棘腹蛙乃至两栖动物的相关分子研究仍处于初级阶段，仅有为数不多的基因被克隆和研究，更未见到 RNA 剪接修饰等相关研究的报道。因此，棘腹蛙来源 *SRSF2* 的克隆为两栖动物剪接修饰的分子生物学研究奠定基础。

二、*SRSF2* 的进化分析

在 GenBank 中搜索其他物种的 SRSF2 氨基酸序列，用 MEGA 5.0 软件绘制系统进化树。本研究在 GenBank 中搜索到 18 个物种的 *SRSF2* 核苷酸序列（包括哺乳动物 6 种、爬行动物 4 种、两栖动物 2 种、鱼类 3 种、鸟类 1 种、昆虫 1

种、植物 1 种），利用 MEGA 5.0 软件的邻接法（Neighbor – Joining Method，NJ）构建了棘腹蛙与其他物种的 SRSF2 氨基酸序列之间的进化关系。从图 3 - 4 中可以看到，棘腹蛙的 *SRSF2* 核苷酸序列与隶属于同一目的热带爪蟾和非洲爪蟾有较近的进化关系，而与其他物种的亲缘关系较远。

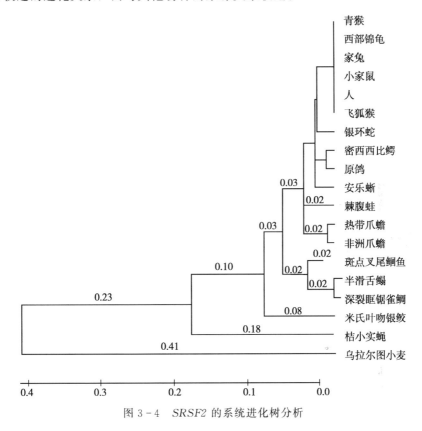

图 3 - 4　*SRSF2* 的系统进化树分析

第四节　小　　结

为了解剪接因子在棘腹蛙发育过程中的功能，首先基于棘腹蛙转录组数据库的组装结果设计特异性引物，利用 RT – PCR 的方法克隆到棘腹蛙体内编码 *SRSF2* 的完整 ORF，其 ORF 长度为 642bp，编码 213 个氨基酸残基，利用数字表达谱和半定量 RT – PCR 的方法验证了 *SRSF2* 在不同温度下的表达图谱，对克隆到的 *SRSF2* 基因进行了内含子分析。结果表明：*SRSF2* 在不同生长温度（15、21、27、30℃）下的表达量存在显著差异，在 21℃ 环境下的表达量最高，而在 15、27、30℃ 生长环境下的表达量都较低。此外，内含子分析结果显示棘腹蛙来源的 *SRSF2* 基因 ORF 序列内包含 1 个内含子和 2 个外显子。

第四章

▲棘腹蛙生长相关基因的序列分析与原核表达

随着对棘腹蛙研究的深入，发现多个基因在棘腹蛙不同生长时期存在差异表达，表明其具有调控棘腹蛙生长的功能。因此，为进一步研究基因的详细信息，利用分子生物学技术克隆各基因序列，分析基因及其对应氨基酸序列，为全面深入了解基因的基本信息及功能预测和鉴定提供重要数据支撑。本章将详细介绍几个重要的棘腹蛙生长相关基因。

第一节　棘腹蛙生长激素基因

生长激素（Growth Hormone，GH）是一种由 190～191 个氨基酸组成的单链多肽激素，由脑垂体前叶嗜酸性细胞合成和分泌，其相对分子质量因动物种类不同而分布在 20 - 50KD（Ayuk 2006）。在促进动物机体生长、肌肉发育、物质代谢（包括糖、脂肪、蛋白质代谢）以及免疫调节等方面发挥着重要作用（孙逊，1999）。然而纵观国内外研究现状，有关 GH 的研究主要见于人类和常见的哺乳类、鸟类（主要是家禽）、鱼类，而对两栖纲蛙类的研究尚浅，有关棘腹蛙 GH 的研究更鲜有报道，但生长激素作为一种广谱的调控生长因子，在棘腹蛙的生长发育过程中的作用有待进一步研究。

一、生长激素基因的原核表达

原核表达常指发生在原核生物内的基因表达。通常，在研究某个基因时，需利用原核表达技术，即生物工程。主要通过基因克隆技术，将外源目的基因通过构建表达载体并导入到原核表达菌株的方法，获得完整的、大量的目的基因。因此，为进一步研究棘腹蛙 *GH* 基因的功能，需检测 *GH* 基因的序列。通常，采用商业化质粒作为载体（如常见的 pGEM - T 质粒），选用合适的大肠杆菌等作为实验菌株，进一步对 *GH* 基因进行克隆，并利用一代测序技术进行序列检测。根据测序结果设计上下游引物（如樊汶樵实验室前期设计引物：上游引物 5'-CGCGGATCCTTCCCGGCAAATGTCTCTTTCCAACC - 3'，下游引物 5'-GGCCTTAAGTTAAAAGGTGCAGTTGCTCTCCACA - 3'）。随后，利用 PCR

技术对 *GH* 基因片段进行扩增，以 *GH* 克隆载体为模板，利用上述引物在同等 PCR 条件下扩增，获取编码 GH 蛋白的目的基因片段。反应完成后，取 PCR 产物进行琼脂糖凝胶电泳鉴定。

将获得的阳性产物按照 DNA 凝胶回收试剂盒的说明回收，对回收的 *GH* 片段及对应表达载体 pET－28a 用相同的限制性内切酶（BamH I、EcoR I）酶切，使其具有相同的黏性末端并连接。将重组质粒 pET－28a－GH 转化大肠杆菌 BL21 (DE3)，涂布培养，挑选重组转化菌落，经培养，抽提重组质粒 pET－28a－GH 后，进行 PCR 鉴定，PCR 产物用 1% 的琼脂糖凝胶电泳检测，结果表明，能扩增出 PCR 条带，其大小约为 591bp（图 4－1）。

选用 pET－28a 载体上的两个限制性内切酶位点 BamH I 和 EcoR I，对抽提的重组质粒 pET－28a－GH 进行双酶切鉴定，双酶切产物用 1% 琼脂糖凝胶电泳检测。结果同样出现了与目的基因大小（约 591bp）一致的条带，以及约 5 369 bp 的载体条带（图 4－2）。进一步测序酶切鉴定的带有 pET－28a－GH 质粒的阳性菌，发现其序列与 *GH* 基因一致，表明 *GH* 基因的原核表达载体构建成功。

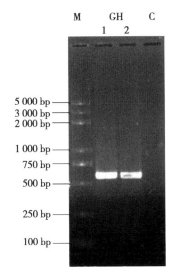 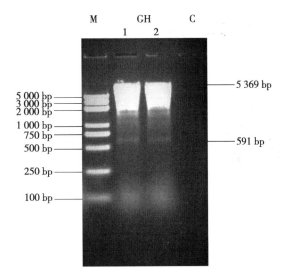

图 4－1　重组质粒 pET－28a－
　　　　GH 的 PCR 鉴定

M：DL5 000 标准分子量　GH：PCR
扩增产物，其中 1 和 2 为平行样本
　　　　C：阴性对照

图 4－2　重组质粒 pET－28a－
　　　　GH 的双酶切鉴定

M：DL5 000 标准分子量　GH：双酶切产物，
　　其中 1 和 2 为平行样本　C：阴性对照

二、生长素基因的蛋白表达

为研究生长素基因的翻译后蛋白表达情况，挑取成功转化的重组质粒，在含卡那霉素（Kan）的卢里亚-贝尔塔尼（Luria-Bertani，LB）固体培养基平板上画线，37℃培养。将平板中的单菌落移至 5mL 含有液体培养基的试管中继续过夜培养，待其光密度（OD）为 0.5～0.6 时停止培养。为刺激生长素蛋白表达，在培养管中加入异丙基硫代-β-D-半乳糖苷（IPTG）诱导剂诱导培养 4h；以不加诱导剂的试管作为对照。利用细胞裂解缓冲液，并使用超声细胞破碎仪破碎细胞，分离蛋白质；利用包涵体裂解液，抽提包涵体蛋白；最后将样本进行十二烷基硫酸钠-聚丙烯酰胺凝胶电泳（SDS-PAGE）。经 SDS-PAGE 电泳检测表达情况，粗略得到融合表达蛋白条带（图 4-3）。可以看到诱导后上清和沉淀（即可溶蛋白和包涵体蛋白）均可表达，但其中包涵体蛋白更为明显，暗示该表达条件还有待筛选优化，从而提高蛋白的可溶性表达，以便能够直接用于目的蛋白的亲和纯化。

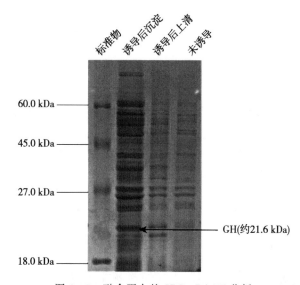

图 4-3　融合蛋白的 SDS-PAGE 分析

三、生长素基因的调控作用

通过对脑下垂体功能研究的临床实践，早在 1886 年 Pierre Marie 就观察到肢体肥大症患者的腺垂体很大。直到 1921 年，Evans 及 Long 利用牛前脑下垂体的盐浸渍物促进正常老鼠生长的实验，首次发现脑下垂体的生长促进作用（Farran，2002）。随后，Smith 在 1927 年发现牛前脑下垂体的盐浸渍物能使脑下垂体切除术后的老鼠恢复正常生长，结果证明生长是由生长因子来促进的。至 1945 年，从牛脑下垂体中分离出了 GH（Li，1945）。GH 的产生和分泌受下丘脑激素分泌的 GH 释放激素（GHRH）和生长抑素（SS）调控。GHRH 诱导其分泌，而 SS 抑制其分泌，GHRH 与 SS 协同作用使 GH 呈现脉冲式分泌。不同因素（如性别、年龄、睡眠等）都会影响 GH 脉冲分泌的量和频率，且一天当中血液中的 GH 水平变化很大。同时 GH 大部分是直接或间接通过类胰岛素样生长因子（IGFs）发挥作用。在正常生理状况下，GH 通过刺激肝脏、心脏及外周血管等靶组织分泌 IGFs，IG-Fs 会随着 GH 的上升而增高，而当 IGFs 达到一定水平时又将抑制 GH 水平继续升高，此现象称为 GH/IGFs 轴，也就是说它们之间既存在下丘脑—垂体前叶—靶腺体的顺序调节，又存在靶腺体到垂体前叶的负反馈调节。

　　近年来，伴随基因组学和蛋白质组学的进展，对 GH 和 IGFs 在生长发育过程中的重要作用的研究日趋完善，但其通路及相关作用机制仍然没有研究透彻，且研究对象多集中于大型哺乳类、家禽等，罕见于两栖纲蛙类。因此，开展对两栖纲蛙类动物（如棘腹蛙）生长激素的深入研究，既有利于探索两栖动物的生长发育调节机制，又能在保护野生资源的前提下满足经济需求，前景巨大。

第二节　棘腹蛙胰岛素样生长因子

　　胰岛素样生长因子从发现到现在已经有 40 多年了。1957 年，Salnon 和 Daughaday 在研究 GH 作用的过程中，发现体外去除垂体的大鼠软骨，在培养基中加入切除垂体的大鼠血清均不能刺激软骨细胞对硫（35S）的吸收，而加入正常大鼠的血清或加入切除了垂体后注射了生长激素后大鼠血清却能促进软骨细胞对硫的吸收，从此推测 GH 并不直接作用于软骨，而是刺激机体产生某种中间物质，进入血液中，由此刺激软骨的生长。当时把这种物质称为"硫化因子"。后来，科学家们在研究硫化因子的生理功能时发现，硫化因子还具有促进 DNA、糖及蛋白质合成等多种生理效应。鉴于硫化因子依赖于生长激素大多数效应的特性，20 世纪 70 年代初期，人们又将硫化因子改称为"生长介素"。1963 年，Froesch 等发现血清中有一种非胰岛素样活性的物质，对肌肉和脂肪细胞的胰岛素样作用只有一小部分被胰岛素的抗血清抑制，剩下不被抑制的胰岛素样活性物质可溶于酸化的乙醇中，并将命名其为非抑制性类胰岛素样活性（Nonsuppress-ible Insulin‐like Activity，NSILA）（Ghahary，1998）。随着分子生物学技术的发展，1978 年，研究人员分离纯化了两种人的 NSILA，对其进行测定分析的结果显示，这两种 NSILA 的氨基酸序列有 70％是相同的，它们的结构与胰岛素原（Proinsulin）相似，由于具有胰岛素样的功能，结构上由于胰岛素具有同源性，分别命名为胰岛素样生长因子 1（IGF‐1）和胰岛素样生长因子 2（IGF‐2）。

一、胰岛素样生长因子 1 基因的克隆分析

　　类胰岛素生长因子是一种重要的机体生长功能调节因子，在抵抗细菌、病毒

感染，调节自身机体的平衡和稳定上都具有非常重要的意义。该因子在正常生理活动中起着极为重要的作用，与胚胎分化、个体发育密切相关，参与糖、脂肪和蛋白质代谢。该因子含量异常是糖尿病、胰岛素抵抗、内分泌紊乱、癌症、营养不良、骨骼发育不良、骨密度低和多囊卵巢综合征等多种疾病的病因之一（朱红杰等，2007）。自 1957 年 IGF - 1 发现以来，其一直是研究热点。

根据棘腹蛙皮肤转录组数据，利用 Primer5.0 软件对胰岛素样生长因子 1 基因进行特异性引物设计：上游引物为 5′ - ATCCTTCTTCTGTTTGCTA-AATCTG - 3′，下游引物为 5′ - CTCTAGGGGACACAGGCTATTA - 3′，并合成引物用于基因扩增实验。将由皮肤组织抽提的 RNA 反转录，并利用合成的引物进行 PCR 扩增，得到了 IGF - 1 的 cDNA 扩增样本（图 4 - 4）。将得到的 cD-NA 样本进行测序，进一步与转录组测定的序列进行比对，获得的 cDNA 序列和转录组测序的序列相同，表明成功获得棘腹蛙中的 IGF - 1 基因克隆。

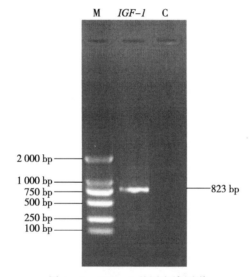

图 4 - 4　IGF - 1 基因电泳图谱
M：DL2 000 标准分子量　IGF - 1：PCR 扩增产物　C：阴性对照

二、胰岛素样生长因子 1 序列和同源性分析

进一步在 GenBank 数据库中检索 IGF - 1 同源基因序列，利用 ClustalX 1.83 进行多重序列比对，随后利用 MEGA 6.0 软件对 IGF - 1 家族基因用邻近法构建系统进化树，取 1 000 次重复检验以估算各分枝的置信值。利用邻近法对 IGF - 1 同源序列构建遗传进化树，结果显示（图 4 - 5），棘腹蛙 IGF - 1 与爪蟾单独聚为一枝，与鸟类、食虫类动物亲缘关系较远。与已发布的蟾类的 IGF - 1 氨基酸序列同源性关系较近，其中，与倭蛙亲缘关系最近，进一步说明水生青蛙

的类胰岛素生长因子遗传进化相对稳定并且保守。

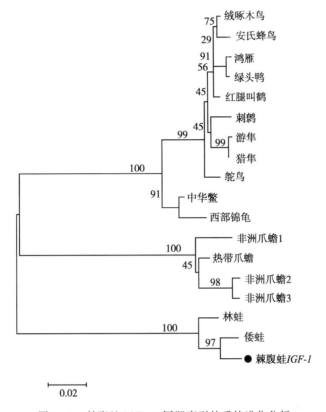

图 4-5 棘腹蛙 IGF-1 同源序列的系统进化分析

系统进化树构建所用的物种及 GenBank 登录号：绒啄木鸟，XM 009896384.1；安氏蜂鸟，XM 008505353.1；鸿雁，XM 013181061.1；绿头鸭，XM 005022553.2；红腿叫鹤，XM 009708171.1；刺鹩，XM 009076988.1；游隼，XM 005235582.2；猎隼，XM 005435048.2；鸵鸟，XM 009679984.1；中华鳖，XR 333031.2；西部锦龟，XM 005303696.1；非洲爪蟾 1，XM 018252324.1；热带爪蟾，XM 002936829.4；非洲爪蟾 2，NM 001163393.1；非洲爪蟾 3，XM 018254692.1；林蛙，KF819506.1；倭蛙，XM 018559675.1。分支上的数字代表置信值。

三、胰岛素样生长因子 1 氨基酸序列分析

将经 RT-PCR 扩增后的产物纯化后克隆到 pMD18-T 载体中，构建重组质粒。首先，按常规方法与 pMD18-T 载体连接（连接体系见表 4-1），并转化大肠杆菌 JM109 感受态细胞，进行蓝白斑筛选，用菌落 PCR 法进一步筛选阳性克隆，核酸序列测定由苏州金唯智生物科技有限公司完成。此后，向含感受态细胞的试管中缓慢加入重组质粒，经冰浴冷却、肉汤培养、振荡培养后，取转化菌在平板上抹匀，37℃培养并筛选出含外源基因的白色重组体。将经鉴定后的阳性重

组子测序，测序结果，IGF-1全长序列包含一个 ORF，长 823bp，与预期相符；共编码 153 个氨基酸，其中，酸性氨基酸为 22 个，大于碱性氨基酸的数目（12个），暗示该蛋白可能严格受到选择压力影响；棘腹蛙 *IGF-1* 基因核苷酸翻译为氨基酸系列（图 4-6）。

表 4-1 连接反应体系

试剂名称	体积
DNA	$1\mu L$
pMD18-T 载体	$4\mu L$
连接液	$5\mu L$
总计	$10\mu L$

```
GCTAAAATCAGAGCAGATCCTACGCAATGGAGTAAAGTCCTCAATTTCAAATGTGACATA
GCTCCGAATATCTCTGTGGATTTCCTTTTTTTTTCTTGTTATCTCAGCTAACAATCTCAT
TTGCAGACCCTGTACTTAAAGAAGCC
ATGGAAAAAAACAACTGTCCCTCAACACAATTATTTAAGTGCTACTTTTGTGATATCTTA
 M  E  K  N  N  C  P  S  T  Q  L  F  K  C  Y  F  C  D  I  L
AAGGTTAGGATGCACACAATGACCTACATGCATCTCTTTTACTTGGGCTTATGTCTACTC
 K  V  R  M  H  T  M  T  Y  M  H  L  F  Y  L  G  L  C  L  L
ACTCTAACCCACTCGGCAGCTGCTGGCCAAGAAACCCTCTGTGGTGCTGAGTTAGTGGAT
 T  L  T  H  S  A  A  A  G  Q  E  T  L  C  G  A  E  L  V  D
GCTCTGCAGTTTGTATGTGGACAGAGGCTTCTTTTTCAGCAAGCCAGTAGGGTATGGA
 A  L  Q  F  V  C  G  D  R  G  F  F  F  S  K  P  V  G  Y  G
TACAGCAGTCGACGTTCTCATCACAAAGGAATAGTGGATGAATGCTGCTTTCAAAGCTGT
 Y  S  S  R  R  S  H  H  K  G  I  V  D  E  C  C  F  Q  S  C
GATCTAAGGAGGCTAGAGATGTACTGTGCTCCTGCCAAGCCAGCAAAGTCTGCACGATCT
 D  L  R  R  L  E  M  Y  C  A  P  A  K  P  A  K  S  A  R  S
GTACGTGCTCAGCGTCACACTGATATGCCAAAAGCCCAGAAGGAAGTACATCACAAGAAT
 V  R  A  Q  R  H  T  D  M  P  K  A  Q  K  E  V  H  H  K  N
GCAAGTAGAGGAAACACAGGGAGTCGAAGCTTCAGGATGTAG
 A  S  R  G  N  T  G  S  R  S  F  R  M  *
ATGCTGATGCCGCTCAAAGTCTTGAAGAATGAATGTGGCATGTGCAGGATGTATTACTGA
AAAGTAAAGTCAAACAGGGAAAGACATCACTTCTCTCAACCAATGGGCATTCATCCTCTG
AACAATGCAAATCCACGTGCCGCTGATGTGCATTCCAACCAGAAGCATAACAATTCACAT
AACTGATCTATTGCTCTGTAATCTTTCACCTGTTA
```

图 4-6 棘腹蛙 IGF-1 的基因编码序列及其对应的氨基酸序列

同时，利用 DNAStar 软件对棘腹蛙 IGF-1 氨基酸序列进行亲水性、表面可能性和表面抗原性分析（图 4-7），序列分析 IGF-1 所编码的氨基酸发现，其氨基酸位点 1～10、77～92、112～154 为亲水性区域，且 IGF-1 所表现出的蛋白质的表面抗原性与其亲水性区域位点表现出一致的性质，表面可能性表现较一致，有细微差异。

蛋白质结构决定了其功能，为进一步了解 IGF-1 蛋白质的结构，利用 SOPMA 软件对 IGF-1 ORF 的氨基酸序列进行二级结构分析，同时利用 SWISS MODEL 提供的同源建模法来对 IGF-1ORF 的氨基酸序列进行三级结构分析。通过 SOPMA 软件对氨基酸序列进行结构分析显示，在 IGF-1 的二级结构中，α-螺旋占 47.6%，β-转角占 9.15%，无规则卷曲占 28.1%，延伸链占 15.69%

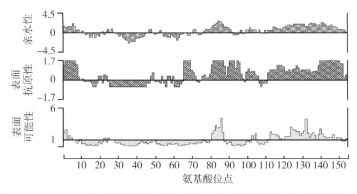

图 4-7　IGF-1 基因氨基酸序列亲水性、表面可能性和表面抗原性分析

（图 4-8）。其中，α-螺旋占大多数。另外，利用人的 IGF-1 为模板，预测棘腹蛙 IGF-1 的蛋白质结构（图 4-9），发现二者相似度为 53%，密度值（Identity）为 74.68%，主要为 α-螺旋构成的蛋白质，暗示该蛋白可能依然保留细胞表面受体结合能力，但与人类的 IGF-1 存在一定功能分化。

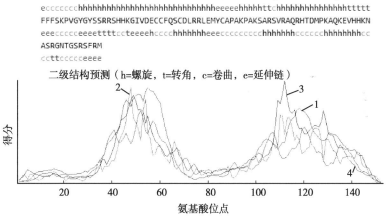

图 4-8　棘腹蛙 IGF-1 蛋白质二级结构分析
1：α-螺旋　2：β-转角　3：无规则卷曲　4：延伸链

　　根据蛋白质结构预测显示，IGF-1 与人的类胰岛素生长因子 α 相似度为 31%，主要由 α-螺旋构成，暗示该蛋白尽管与人类的同源蛋白存在较大分化，但是其细胞表面受体结合能力相对保守。因此，IGF-1 的结构和功能相对保守，仅 N—和 C—端序列存在一定分化。到目前为止，有关棘腹蛙乃至两栖动物的类胰岛素生长细胞因子的研究仍处于初级阶段，因此，深入挖掘棘腹蛙的类胰岛素生长因子的生物学功能，将对了解该类细胞因子是如何介导高等动物的生长发育

系统调节，以及生产生长调节生物制剂奠定前期基础。

图 4-9　棘腹蛙 IGF-1 蛋白质三级结构分析

模板为人类的类胰岛素因子蛋白质结构 3lri.1A

四、胰岛素样生长因子 2 基因序列和同源性分析

胰岛素样生长因子-2 (insulin-like growth factor-2，IGF-2)，也被称为生长调节素 A (Somatomedio A)，是胰岛素-胰岛素样生长因子-释放生长因子家族的成员之一，它与有促进有丝分裂活性作用的胰岛素具有结构上的同源性 (Leinsköld et al.，2000)。据其他文献报道，IGF-2 是由约 67 个氨基酸残基组成的蛋白质，是骨骼肌生长发育的重要调控因子，主要调控细胞增殖、分化以及程序性细胞死亡，对个体生长和发育具有重要作用。Dechiara 等首次证实了它是内源性印迹基因表达产生的生长因子 (Lopez et al.，2018)。*IGF-2* 是目前研究较多的印记基因之一。近年来的研究表明，印记基因异常是某些恶性肿瘤重要的分子生物学特征，这种基因的调控异常一般为癌变机制中的重要环节。目前国内外研究显示，一些物种包括金鱼、虹鳟鱼、鲀科鱼、双棘黄姑鱼、猪、小鼠等的 *IGF-2* 基因相继被克隆并进行序列分析与组织表达，这为获得大量 IGF-2 产品以便进一步研究 IGF-2 的生物学活性、作用机理及开发 IGF-2 的临床应用奠定了一定的基础 (Shamblott，1992；Loffing-Cueni，1999)。

根据 NCBI 中已报道 *IGF-2* 的基因，利用 Premier5.0 软件设计引物并合成。引物序列如下：上游引物为 5′-GCAACATCCAGCAATACCACAGCGA -3′，下游引物为 5′-CTTTGGTGTCTCAGTTTGCTCGTTT-3′。采用 RT-PCR 方法扩增棘腹蛙 *IGF-2* 基因，先将 RNA 逆转录成 cDNA 第一链，所得第一链 cDNA 产物进行聚合酶链式扩增。具体逆转录 (Reverse Transcription，RT) 反应体系见表 4-2，PCR 反应体系见表 4-3。

表 4-2　RT 反应体系

试剂名称	体积
MgCl₂（25mM）	$2\mu L$
10×逆转录混合液	$1\mu L$
无 RNA 酶水	$3.75\mu L$
DNTP 混合物（各 20mM）	$1\mu L$
AMV 逆转录酶	$0.5\mu L$
RNA 酶抑制剂	$0.25\mu L$
引物	$0.5\mu L$
总 RNA	$1\mu L$
总计	$10\mu L$/样本

表 4-3　PCR 反应体系

试剂名称	体积
RT 产物	$10\mu L$
灭菌蒸馏	$28.75\mu L$
TaKAraExTaq™HS	$0.25\mu L$
上游引物	$0.5\mu L$
下游引物	$0.5\mu L$
总计	$40\mu L$/样本

　　用 1%的琼脂糖凝胶将扩增的 PCR 产物电泳分离，在紫外灯下用刀片切下含目的条带的琼脂糖凝胶片，转移至 EP 管中。回收后的目的片段与 pMD18-T 载体连接，并转化大肠杆菌 JM109 感受态细胞，进行蓝白斑筛选，用菌落 PCR 法进一步筛选阳性克隆，并进行测序鉴定，连接反应体系见表 4-4。经过 RT-PCR 扩增后，获得了约为 950bp 的 DNA 片段（图 4-10）。

表 4-4　连接反应体系

试剂名称	体积
DNA 样品	$1\mu L$
pMD18-T 载体	$4\mu L$
连接液	$5\mu L$
总计	$10\mu L$

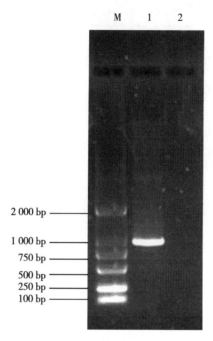

图 4 - 10 棘腹蛙 *IGF - 2* 基因的克隆结果电泳图
M：DNA 分子质量标准 1：阳性重组子 2：阴性对照

　　将鉴定后的阳性重组子送苏州金唯智生物科技有限公司测序，测序结果得到了与预期相符的长为 944bp 的 *IGF - 2* 基因序列，测序结果：GCAACATCCAG CAATACCACAGCGA TCCTTTCACTGCCATCACCAGTACAGAGGAACCGC AAGAAAACTTGACATTCCCAGTCCTGTCGGAGCTGATCACACCAGTGC AAAATGGAGCAACTAAGATGCAAAACCAGGAGCTGCAGCAGCACAGCC CAGTCATGCAGGAGGATACAGCTGCCAGGAGTGCCAGTCCCCCGACATG CCCTTCTACTCTTATACACCTTCATAGCATACACAGCAGAGTCATCTAA AGTATTTATCCTGGGTGAGACCCTCTGTGGTGGAGAACTGGTAGACAC GTTGCAATTTGTGTGTGGCGACCGAGGCTTCTACTTCGGTAAGTCAAC CTACAAAAAGAATACGGGGCGCTCCAATCGCAGAGTTAGCAGAGGAAT TGTGGAGGAATGCTGCTTTCGGAGTTGTGACCTAGATTTATTAGAGAC ATACTGTGCGAAGCCGGTCAAGAATGAAAGAGACCTTTCCACCGCACC AGCCACTGCATTGCCATCTCTGAATAAGGATGAGTACCATAAGCATGC TCATACCAAGCACTCTAAATATGACATCTGGCAAAGAAAGCCCACTCA GAGTCACCGCTTACGAAGAGGGGTCCCAGCCATTGTCCGAGCACGCCAG TATCGGAAATGGGTGAGGCAGATAGAAGAATCCCAGCAGTTTTTATCA CATCGGCCATTAACAACCTCACCAATGACACGACCTCGCTCCAATCAGC

AAGACTCAGAGTCCTCCCATAATTGAGCTGGGAATCATTACTAAGCAG
GATTCCACTGCCTTCAATTTCTGTTTCTATGTTCTGTTTGTTTTTCTTC
TGTCTTCTCTGAACTGGAGAGAGACCAAGCCAAGCAACAGAGTTGAAG
CCTGAAAAGCTCAATGTGACACTTCACAGAAGAGTAAAACGAGCAAAC
TGAGACACCAAAG（注：阴影部分为基因扩增用引物序列）。

为了研究棘腹蛙 *IGF-2* 的分子进化，在 GenBank 中搜索到 14 个物种的
IGF-2 核苷酸序列（包括两栖动物 1 种、爬行类动物 9 种、鸟类 4 种）和获得
的棘腹蛙 *IGF-2* 核苷酸序列进行聚类分析，用 Mega6.0 软件中的邻接法构建系
统进化树（图 4-11）。分析结果显示，*IGF-2* 在物种的分子进化过程中产生了
两条分支，棘腹蛙的 *IGF-2* 核苷酸序列仅与同一目的非洲爪蟾有相对较近的进
化关系，而与其他物种的亲缘关系较远。

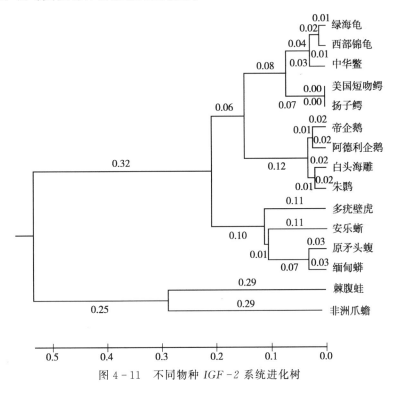

图 4-11 不同物种 *IGF-2* 系统进化树

五、胰岛素样生长因子 2 氨基酸序列分析

为研究 *IGF-2* 基因的氨基酸序列，用 DNAStar 软件对棘腹蛙 IGF-2 蛋白
质的氨基酸序列进行亲水性、表面抗原性和表面可能性分析。结果表明：对抗原
表位预测分析，IGF-2 的氨基酸序列存在较多的强抗原表位，其氨基酸位点的

0～24、45～49、55～64、69～110、114～129、135～143、145～171、173～190、196～219 为表面抗原性区域，抗原表位在 C 末端和 N 末端都有分布，但 N 末端分布较少，C 末端分布面积较广。对亲水性分析可知，棘腹蛙 IGF－2 氨基酸序列的亲水性较覆盖面较小，其亲水性在主要分布在序列中间和 C 末端，N 末端较少，且 IGF－2 所表现的亲水性及其蛋白质表面的可能性和抗原表位区域位点表现出基本一致的性质（图 4－12）。通过 SOPMA 软件进行结构分析显示，在 IGF－2 成熟蛋白的二级结构中，α-螺旋占 32.87%，β-转角占 8.80%，无规卷曲占 46.30%，延伸链占 12.04%（图 4－13）。另外，可用 Swiss model 对 IGF－2 蛋白的三级结构进行同源建模（图 4－14）。

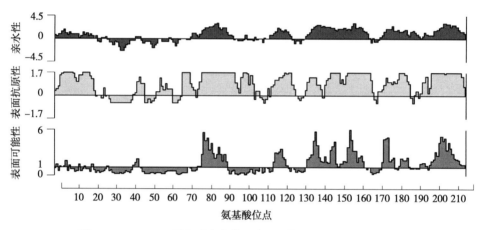

图 4-12　IGF－2 蛋白质亲水性、表面可能性和表面抗原性分析

近年来，对 IGF－2 在促增殖方面的研究越来越多，但是两栖动物，特别是蛙类 IGF-2 方面的研究鲜有报道。上述内容表明，采用 RT－PCR 技术可克隆棘腹蛙 *IGF－2* 基因序列，利用生物信息学分析，了解其基因特性，丰富蛙类基因库。通过同源性分析结果得到棘腹蛙 *IGF－2* 核苷酸序列仅与同一目的非洲爪蟾有相对较近的进化关系，而与其他物种的亲缘关系较远；通过蛋白质氨基酸序列亲水性、表面可能性和表面抗原性分析可知，对抗原表位预测分析 IGF－2 的氨基酸序列存在较多的强抗原表位，其氨基酸位点的 22～28、33～61、63～79、87～97 为表面抗原性区域，但与大部分抗原表位不同，棘腹蛙来源的抗原表为主要分布在序列的中间和 C 末端，在 N 末端很少。对亲水性分析可知，棘腹蛙 IGF－2 氨基酸序列的亲水性较覆盖面较小，且 IGF－2 所表现的亲水性及其蛋白质表面的可能性和抗原表位区域位点表现出基本一致的性质；通过 IGF－2 蛋白质二级结构预测结果可知，在 IGF－2 成熟蛋白质的二级结构中，α-螺旋占 13.42%，β-转角占 6.04%，无规卷曲占 53.69%，延伸链占 26.85%，并进行了 IGF－2 的同源建模。基于以上的实验研究结果，可为下一步表达棘腹蛙 IGF－2 蛋白质和进一步研究其功能奠定基础。同时随着对 IGF－2 的深入研究，可以更好地了解 IGF－2 的病理生理学作用与分

```
            10        20        30        40        50        60        70
             |         |         |         |         |         |         |
MEQLRCKTRSCSSTAQSCRRIQLPGVPVPRHALLLLYTFIAYTAESSKVFILGETLCGGELVDTLQFVCG
hhhhccccccccccccccccccceeettcccccheeehhhhhhhhhttceeeeeecccccttchhhhhhhhtt
DRGFYFGKSTYKKNTGRSNRRVSRGIVEECCFRSCDLDLLETYCAKPVKNERDLSTAPATALPSLNKDEY
ttceeeccceeetcccccceehhhhhhhcccthhhhhhhcccccccccccccccchhcccccccccchhhh
HKHAHTKHSKYDIWQRKPTQSHRLRRGVPAIVRARQYRKWVRQIEESQQFLSHRPLTTSPMTRPRSNQQD
hhhhhccccteeeetccthhhhtcccchhhhhhhhhhhhhhhhhttthheecccccccccccccccccc
SESSHN
cccccc
```

Sequence length :   216

二级结构预测（h=螺旋，t=转角，c=卷曲，e=延伸链）

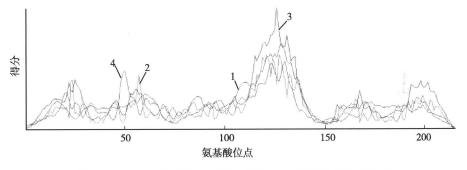

图 4-13　SOPMA 软件对 IGF-2 蛋白质二级结构的分析结果

1：α-螺旋　2：β-转角　3：无规卷曲　4：延伸链

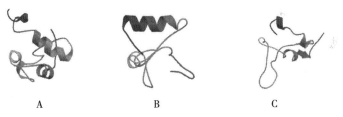

A　　　　　　　　B　　　　　　　　C

图 4-14　IGF-2 蛋白质三级结构预测

注：A、B、C 分别分 IGF-2 的 3 种同源性三级结构。

子作用机制，为其在医学方面的研究奠定一定的基础，这将有助于人类控制自身的疾病，也能为临床诊断、治疗带来新思路。

第三节　棘腹蛙转化生长因子

转化生长因子 β（Transformting Growth Factor-β，TGF-β）是 Todaro 等人于 20 世纪 80 年代从培养小鼠肉瘤病毒细胞株的 LB 培养基里检测出来的可调节细胞生长和分化的超蛋白家族。该细胞因子能使正常成纤维细胞（Fibroblast）

表型发生转化，因此被命名为转化生长因子，换言之是指在特定条件下，转换了成纤维细胞贴壁生长的特性，继而使其在失去生长中密度信赖的抑制作用情况下，获得了在琼脂中继续生长的能力。非洲绿猴肾细胞中所分泌的生长抑制因子即为 TGF-β，这一家族由 TGF-β 的原型、生长分化因子（GDF）、活化素、骨形成蛋白（BMPs）、缪勒氏管抑制物质（MIS）和抑制素构成。TGF-β 至少含有 6 个相关结构分子，其中哺乳动物内仅发现了其中 3 种，即 TGF-β1、TGF-β2、TGF-β3，且存在着高达 60%～80% 的序列同源，其余 TGF-β 则多在鸟类体内被发现，但其生物学功能还有待探索。并且 TGF-β 有着丰富的来源途径，一个多细胞的生物有机体机体均可分泌出非活性状态的 TGF-β，且全能性较弱的细胞中常含较高水平的 TGF-β，如肾脏、骨骼、胎肝的造血细胞和骨细胞。值得重视的是，几乎所有肿瘤细胞（Neoplasm）均能检测出 TGF-β。

TGF-β 是一种具有多功能生物学活性的调节因子。蛋白质层面上可刺激关键蛋白产生及胶原合成；细胞层面上体现在细胞分化、形态发生、细胞外基质生成，免疫耐受（Immunologic Tolerance）以及血球与骨的形成等；个体层面上更是与器官的病理过程相关，如炎症、自身免疫疾病、肿瘤形成、动脉粥样硬化、内脏器官纤维化等。在修复角膜损伤时，TGF-β 抑制着角膜上皮细胞增殖，激活了肌成纤维细胞，同时促进细胞外基质的合成，从而快速的愈合受损角膜，但 TGF-β 含量过多又易形成角膜瘢痕。TGF-β 在环境影响下表现出一定的两面性，如针对肿瘤细胞的扩散，TGF-β 对其早期表现为抑制作用，晚期却为促进作用（Sharma et al.，2003；Vij et al.，2008）。因此在研究各项疾病的同时加强对 TGF-β 的观察将有助于人类解决相关疾病的难题。不过纵观国内外研究，人类对 TGF 的探索目前仅局限于哺乳类、鸟类（主要是家禽）以及人类自身，对两栖纲蛙类的研究尚处于起步阶段。因此，深入挖掘转化生长因子的生物学功能并合理加以利用，对了解该类细胞因子是如何介导高等动物的免疫系统调节以及后期生产广谱抗病毒生物制剂提供理论依据。

一、转化生长因子-β1 基因及其序列同源性分析

转化生长因子-β1（TGF-β1）是属于转化因子家族的一种细胞因子，主要由单核巨噬细胞、成纤维细胞和血小板产生，并在所有细胞中都有所表达（Qin et al.，2018）。当机体出现各种压力和多种疾病信号后，负责参与细胞反应（朱红杰等，2007）。TGF-β1 在参与和调节人类生殖生理和病理过程的作用已得到肯定，其作用机制之一就是与其特异性受体结合而发挥作用，可以促进表皮生长和伤口愈合、促有丝分裂、刺激血管的形成、调节宿主免疫功能等，与多种炎症性疾病、纤维化疾病、免疫性疾病、肿瘤的发生和发展关系密切（Isaka et al.，2000）。

因此，为进一步验证棘腹蛙中 TGF-β1 基因的序列，需对该基因进行克隆以

及序列分析。首先，利用棘腹蛙皮肤作为样本，分离 RNA，根据前期转录组测序中 TGF-β1 基因序列进行引物设计，上、下游引物分别为 5′- AGCACATATAATA-CAGCTCCCTC - 3′和 5′- TTCGTGTTTCCCAATGACATACAAC - 3′。

采用 RT-PCR 方法扩增棘腹蛙 TGF-β1 基因，具体逆转录反应体系和 PCR 反应体系与表 4-2 和表 4-3 相似。随后，用 1%的琼脂糖凝胶电泳分离，并回收含目的条带的琼脂糖凝胶片，将克隆产物与 pMD18-T 载体连接，并转化大肠杆菌 JM109 感受态细胞，进行蓝白斑筛选，用菌落 PCR 法进一步筛选阳性克隆，并进行核酸序列测定。重组质粒后，对筛选的阳性菌落进行 PCR 鉴定，得到了与预期相符大小的产物（图 4-15）。将获得的克隆产物进行测序，测序结果得到了与预期相符长为 1 801bp 的 TGF-β1 序列，测序结果：AGCA CATATAATACAGCTCCCTC AAGAAGAACTTTGGCACACACTTTTAGGA GTGTCAGGCATCTCCAAGGCAGCTTAAAGCTGTACATCATCTTCATCCA GGTGGGATGCTGTTTTCAAGCCTTCAGTAAAAACTTTGCCTCTTCTTT GTAAAGTTATGCTTTGGCCAAACTGTACTTCGTCTGAGCTTTGAGACC AGACTGCTCCACATCAAGTGGATGCACTCACAGCATTTAGATGATGAG TTCAAAACAAGCCTTAATTTAAATTGGCCAAGTGGGGAAAAATTGGAG GCACGAGGAAGGTAAATCCTAAAAGCCTGGAAGTCGAGAAACTTCTTC TTTTTGCCGCGTTGTGAAATTTAAACCATGGGGCTCCGATGGATGTGG TCCTTGGTCTTGATGGTGGACCTTCTCCATGTGGCTATGTCAATGTCTA CGTGCAAGGCAGTGGACATGGAACAGGTGAAGAAGAGGAGGATCGAAG CCATTAGAGGGCAAATTCTTAGTAAACTGAAGCTCACTGAACCTCCAGC TGTAGATAGCGAGGAGTTGACAGTCCCCAAAGAGATCATGTCTATTTA CAATAGCACTGTGGACACCATTAATGAAAAAATAAAGAAGGAAAAGCC GGTTGTGGAGGAATATTATTCCAAACAGGTTGAAGTGATCGAGATGAT CAAGAAAGATTCTCCGGAGGGTAATCCCAGCAACAATGAATTCATATT TACCTTTAAAGCGACCCGTGTAAGAGAGATTGTGAAAACCGATGAAAT GCTGCACCAGGCTGAACTGCGAATATTTCGGAAAAAGTCGACAAGAAC GACACAGAGAACAGATATCAGAGTGGAGCTGCATAGGGTCGCAGCAA CAACTCCACTCGATATCTTCATAGCATGTATTTGTGGCCAACAGATGA TGAGGAATGGATTTCATTTGATGTGACAGAGTCTGTGAGGCAATGGCT GACCAACACAGATGAGAATAAAAGTTTCAAAATGCAAATGCCTTGTTC TTGTTCGGAAATCAAGAATGAAGAAATTCTGGAAATTGGTGGGTTCTC GAATAAACGAGGAGACATGCAAGAGCTCGCATCGAATGAATTTCCTCC CTACCTCCTAATCACGTACACCCCAGAGGCGCGGATGGAGCAGACTCCC AGCACCCGCCGCAAGAGAGCGGTGGATGAGGAATTCTGCCGCACGAACA

GTGGAAAGAACTGCTGTGTAAAACCCCTTAAGATTAACTTCCGCAAGG
ACCTTGGCTGGAAATGGATTAATGAACCTACAGAATATGAAGCCAATT
ATTGTTTAGGAAGTTGTCCATTTATTTGGAGCATGAACAAACAGTACA
GCAAGGTCCTGTCTCTCTATAACCAGAACAATCCAGGTGCCTCTATCTC
TCCATGCTGTGTACCGGATGTTTTGGATCCGCTCCCTATTGTCTACTAC
GTTGGCAGAACAGCAAAAGTGGAGAAACTGTCAAACATGGTGGTCCGA
TCATGTCAGTGCAGCTGAGACTTAACACTGGAGGACAGAAGTTAAGGA
AACAACACGGTACTGGACTTTGCCACCACCAACGTTAGACAGAGAGACC
TGTGGTCAGCACTTTCCCTTGCACCCTGTGTTTGAACATTCATATCTTA
GGTCAAAAGATACTTTCTCTCTTGCCCTTTCAGGGTGCTTGGGTTCAAA
GACCAGCAAATACTATTCCTGCTAAGTACAAAGAGCTGCACGGCAACA
ACACCAGTACTTATACTGTAACTCACCATTTTCCTTCAAAGCTCGGCAC
CCCCGAAGAGCCCTGCTCTTTTACTCCCTTTGGTATATAAACTACAGTC
AAAAATTTAAAAAAAAAGTT GTATGTCATTGGGAAACACGAA （注：
阴影部分为基因扩增用引物序列）。

为了进一步研究棘腹蛙 *TGF - β1* 的分子进化，在 GenBank 中搜索到 10 个
物种的 *TGF - β1* 核苷酸序列（包括两栖动物 2 种、哺乳动物 4 种、水生动物 4
种）和获得的棘腹蛙 *TGF - β1* 核苷酸序列进行聚类分析，用 Mega6.0 软件中的
邻接法构建系统进化树。系统发生分析结果显示，*TGF - β1* 在物种的分子进化
过程中产生了两条分支，棘腹蛙 *TGF - β1* 核苷酸序列仅与同一目的西部锦龟有
相对较近的进化关系，而与其他物种的亲缘关系较远（图 4 - 16）。

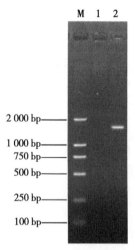

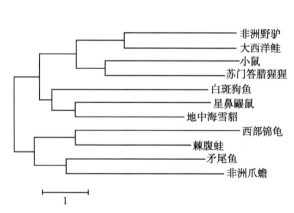

图 4 - 15　*TGF - β1* 基因的克隆　　图 4 - 16　不同物种 TGF - β1 系统进化树
　　M：DNA 分子质量标准 Marker
　　1：阴性对照　2：阳性重组子

二、转化生长因子 β1 氨基酸序列分析

将棘腹蛙 *TGF－β1* 基因核苷酸翻译为氨基酸系列：MGLRWMWSLVLMV
DLLHVAMSMSTCKAVDEQVKKRRIEAIRGQILSKLKLTEPPAVDSEELTVP
KEIMSIYNSTVDTINEKIKKEKPVVEEYYSKQVEVIEMIKKDSPEGNPSNNE
FIFTFKATRVREIVKTDEMLHQAELRIFRKKSTRTTQRTDIRVELHRVDSN
NSTRYLHSMYLWPTDDEEWISFDVTESVRQWLTNTDENKSFKMQMPCSC
SEIKNEEILEIGGFSNKRGDMQELASNEFPPYLLITYTPEARMEQTPSTRRK
RAVDEEFCRTNSGKNCCVKPLKINFRKDLGWKWINEPTEYEANYCLGSCP
FIWSMNKQYSKVLSLYNQNNPGASISPCCVPDVLDPLPIVYYVGRTAKVEK
LSNMVVRSCQCS。

进一步用 DNAStar 软件对棘腹蛙 TGF－β1 蛋白质氨基酸序列进行亲水性、
表面可能性和表面抗原性分析，结果表明，从 *TGF－β1* 所编码的氨基酸发现，
亲水性区域覆盖面比较广泛，其氨基酸位点的 25～45、55～60、80～98、104～
120、125～180、180～190、195～210、215～250、255～281、285～310、320～
330、333～346、360～365 为亲水性区域，且 TGF－β1 所表现的表面抗原性及
其蛋白质表面的可能性皆与其亲水性区域位点表现出一致的性质（图 4－17）。
通过 SOPMA 软件对蛋白质进行结构分析显示，在 TGF－β1 成熟蛋白质的二级
结构中，α－螺旋占 37.80%，β－转角占 7.87%，无规卷曲占 34.65%，延伸链占
19.69%（图 4－18）。同时，利用 Swiss model 对 TGF－β1 进行了的同源建模，
TGF－β1 蛋白质三级结构见图 4－19。

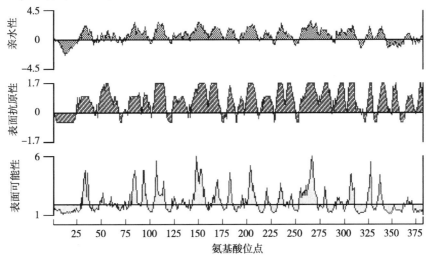

图 4－17　TGF－β1 蛋白质亲水性、表面可能性和表面抗原性分析

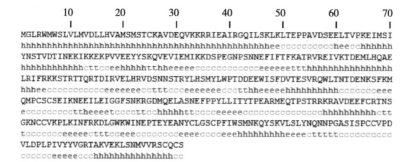

```
              10        20        30        40        50        60        70
   MGLRWMWSLVLMVDLLHVAMSMSTCKAVDEQVKKRRIEAIRGQILSKLKLTEPPAVDSEELTVPKEIMSI
   hhhhhhhhhhhhhhhhhhhhhhhhhhhhhhhhhhhhhhhhhhhhhhhhheecccccccccccheecchhhhhh
   YNSTVDTINEKIKKEKPVVEEYYSKQVEVIEMIKKDSPEGNPSNNEFIFTFKATRVREIVKTDEMLHQAE
   hhhhhhhhhhhhccteeehhhhhtthheeeeccccccccccccceeeeeetthhhhhhhhhhhhhhhhhh
   LRIFRKKSTRTTQRTDIRVELHRVDSNNSTRYLHSMYLWPTDDEEWISFDVTESVRQWLTNTDENKSFKM
   hhheeccccccccccceeeeeeccctttcchheeeeehhhhhhhhhhhhccccccccee
   QMPCSCSEIKNEEILEIGGFSNKRGDMQELASNEFPPYLLITYTPEARMEQTPSTRRKRAVDEEFCRTNS
   eccccccccctteeeetcccttcchhhhhttcccceeeeecccccccccccccchhhhhhhhhhhcctt
   GKNCCVKPLKINFRKDLGWKWINEPTEYEANYCLGSCPFIWSMNKQYSKVLSLYNQNNPGASISPCCVPD
   tccccccccctttccccccccccccccccceehhhhhhhheeeectttttcccccccccc
   VLDPLPIVYYVGRTAKVEKLSNMVVRSCQCS
   cccccccceeeeccchhhhhhhhhhhhhhcc
```

二级结构预测（h=螺旋，t=转角，c=卷曲，e=延伸链）

图 4-18　SOPMA 软件对 TGF-β1 蛋白二级结构的分析结果

1：α-螺旋　2：β-转角　3：无规卷曲　4：延伸链

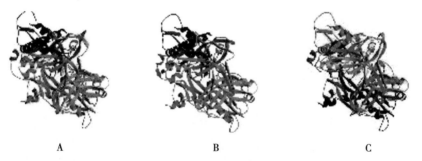

A　　　　　　　　　B　　　　　　　　　C

图 4-19　TGF-β1 蛋白三级结构预测

注：A、B、C 分别为 IGF-β1 的 3 种同源性三级结构。

　　通过上述对 TGF-β1 氨基酸序列亲水性、表面可能性和表面抗原性分析发现，这些特性区域位于序列中的位点较多且一致；对 TGF-β1 蛋白质的二级结构和三级结构预测，发现 TGF-β1 的二级结构中，其氨基酸序列能够形成 α-螺旋、β-转角、无规卷曲、延伸链等二级结构，其中以无规卷曲为主；TGF-β1 的三级结构能够通过催化底物形成一个多聚体。因此，通过以上的实验分析表明，TGF-β1 的结构和特性能够提供良好的研究方向和途径，扩大了实现其相关研究的可能性，证明了其研究是有理论依据和现实意义，为后期进一步研究 TGF - β1 在肿瘤及其他疾病上的诊治和预防奠定医学基础。

三、转化生长因子 β2 基因序列分析及同源性分析

首先，根据棘腹蛙转录组数据，设计 *TGFβ2* 特异性引物：上游引物 5′-TTGGACTCCTCGGATTCCTCCTGAC - 3′，下游引物 3′- TACCGTTTTTTC CCTCTTCTTTTTG - 5′。

并逆转录合成棘腹蛙 *TGFβ2* 的 cDNA，再利用 PCR 进行 *TGFβ2* 基因克隆，采用琼脂糖凝胶电泳检测 PCR 产物（图 4 - 20），将含目的条带的琼脂糖凝胶切下并回收。将 DNA 与 pMD18 - T 载体连接，制备大肠杆菌 JM109 并将其转化为感受态细胞。将含氨苄（Amp⁺）的固体培养基平板置于 37℃ 的培养箱中培养 16h 后再进行蓝白斑筛选，并取阳性克隆进行核酸序列测定。将重组质粒加入到感受态细胞的试管中，转化并筛选出白色重组质粒（图 4 - 20）。将重组质粒测序，运用邻接法将棘腹蛙 *TGF - β2* 与 GenBank 中搜索到的扬子鳄、星鼻鼹鼠、倭蛙、湾鳄、豚尾猴、双峰驼、美洲驼、美国短吻鳄、金钱豹、灰狼、恒河鳄、非洲爪蟾、非洲象、滇金丝猴的 *TGF - β2* 基因序列进行遗传进化树分析，结果如图 4 - 21 所示，棘腹蛙 *TGF - β2* 与倭蛙单独聚为一支即表明亲缘关系最为接近，与非洲爪蟾亲缘关系较为接近，而与鳄形目、灵长目、哺乳纲动物亲缘关系较远，因此从进化树中进一步说明了蛙科的 *TGF - β2* 在遗传进化中处于相对稳定的状态。

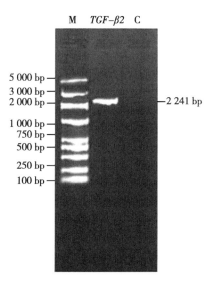

图 4 - 20　*TGF - β2* 基因的 RT - PCR 扩增

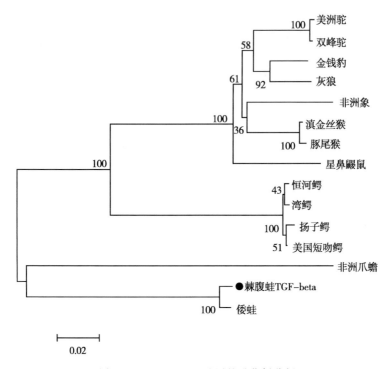

图 4 - 21　*TGF - β2* 基因的进化树分析

　　构建进化树所提到的物种及其 GenBank 登录号：美洲驼，XM _ 006203657.2；双峰驼，XM _ 010974012.1；金钱豹，XM _ 019465645.1；灰狼，XM _ 853584.4；非洲象，XM _ 003419877.2；滇金丝猴，XM _ 017870018.1；豚尾猴，XM _ 011761179.1；星鼻鼹鼠，XM _ 004685438.2；恒河鳄，XM _ 019516466.1；湾鳄，XM _ 019549485.1；扬子鳄，XM _ 006022345.1；美国短吻鳄，XM _ 006265048.2；非洲爪蟾，XM _ 018264977.1；倭蛙，XM _ 018567104.1。分支上的数字代表置信值。

四、转化生长因子 β2 氨基酸序列分析

　　将构建的重组质粒进行测序，并运用 Ediseq 软件和 DNAMAN 软件对重组质粒的 ORF 及氨基酸序列进行分析。TGF - β2 全长 2 241bp 其中最长 ORF 为 1 248bp，共编码 415 个氨基酸，其中碱性氨基酸 56 个，酸性氨基酸 48 个，且赖氨酸含量最高，初步说明该蛋白有调节人体代谢平衡的作用（图 4 - 22）。同时，运用 Clustal X1.83 软件把从 NR 数据库中下载的与棘腹蛙同为两栖纲无尾目动物的 TGF - β2 和棘腹蛙 TGF - β2 进行氨基酸序列比对，其中未标记处为棘腹蛙 TGF - β2 潜在功能分化区域（图 4 - 23）。

　　另外，运用 DNAStar 软件分析棘腹蛙 TGF - β2 蛋白质的氨基酸序列所具备的亲水性、表面抗原性以及表面可能性，如图 4 - 24 所示，通过分析 *TGF - β2* 所编码的氨基酸序列发现，其氨基酸位点广泛存在亲水区域，且该区域与蛋白质的表面抗原性

```
TATCTATCTCTCCCAGGCTGAGCGGCGGTGCTGAGAGGCGCATGGGCGGACTACGAGCCTCCTAACGGTCTGCACACCATCCAGCTAGGAGAAGAAGACACAGAGCCGAGCACACTGGA
GGGGATCTGCCCCGCACCCGATCACCGCACAGCTCCGGGATCTCCAGTAGCTCTCAGCCCCCGGCCAGCACCAGCCCGGCTTCCCTGTGGAGGTGATCTGGACCGGACTCCTGGCCAGCCC
TGGACCTCCAGGAAAGAGCTCTAGCAGCAGCAGAGTGTCACTCATACAGACGGCACCAGCAGCCCCTTCCCTCCGCTTGGACTCCTGGACTTCTCTGGACCTGGCTGCGGGG
ACCTCCTGTAGAATTTTTAGGGCAAACTCTCTTGGAACTTTTTGGAGCTTTCGGAATCTTTTCCTTGGAACTTTTTGGAACATTTCTTGGAACTTTGAGAAACTTTTTGGAACTTTTGTT
AATTTTTTTTTAGTAAATCTGAGATTTGCACAGCAGTGATTTTGTAGATATTTGTATTTTCCTGTCTTGGGATCCCTTTATTATTAGAAGCCCCCTGAAG
ATGCACTATTATCTCCTGAGCGTGGTCCTCATCCTGGATCTGGCCGCGGTGGCTCCTCAGCCTGTCTCAGCCTGTACGCTGGATATGGACCAGTTCAGTTCAGTGCGCAAGAGGATCGAGGCGATC
       M  H  Y  Y  L  L  S  V  V  L  I  L  D  L  A  A  V  A  L  S  L  S  T  C  S  T  L  D  M  D  Q  F  M  R  K  R  I  E  A  I
CGGGGTCAGATCCTCAGCAAGCTGAAGCTCACCAGCCCCCGGAGGATTACCCGGAGCCTGAGGAGGTCTCCCAGGATGTGCTCTCCATCTACAACGACTAGGGACCTGTTGCAGGAG
 R  G  Q  I  L  S  K  L  K  L  T  S  P  P  E  D  Y  P  E  P  E  E  V  S  Q  D  V  L  S  I  Y  N  S  T  R  D  L  L  Q  E
AAGGCCAACCAGAGAGCTCTGCTGTGCGAGAGGGAGAGGACTGATGAGGAGTATTATGCCAAGGAAGTTTACAAAATCGATTTCCTCCCCCCTCCTTTCCCCTCTGAAAATGCCATCCAC
  K  A  N  Q  R  A  L  L  C  E  R  E  R  T  D  E  E  Y  Y  A  K  E  V  Y  K  I  D  F  L  P  P  P  F  P  S  E  N  A  I  H
CCAAACTATTACAATCCTTACTTGAGAATCATCCGGTTCGACGTCTCTGCAATGGAGAAAAACGTTTCCAATTTAGTGAAGGCAGAATTTAGAGTGTTTCGTTTACAGAATCCAAAGGCA
 P  N  Y  Y  N  P  Y  F  R  I  I  R  F  D  V  S  A  M  E  K  N  V  S  N  L  V  K  A  E  F  R  V  F  R  L  Q  N  P  K  A
CGGGTATCAGAGCAACGAATAGAGCTGTATCAGATTCTTAAATCCAAAGACTTAACGTCACCAATGCAGCGCTACATAGACTAAAGTCGTGAAGACAGCCGAGGGCGACTGGTTG
  R  V  S  E  Q  R  I  E  L  Y  Q  I  L  E  S  K  D  L  T  S  P  M  Q  R  Y  I  D  S  K  V  V  K  T  R  A  E  G  E  W  L
TCCTTTGATGTCACAGAAATAAAGGAGTGGCTTCGCCATCGTGATTTAAAAAATTACATTGTCCTTGTTGCACTTTTGTAATGTTCCCATCATCATC
 S  F  D  V  T  E  A  I  K  E  W  L  R  H  R  D  R  N  L  G  F  K  I  S  L  H  C  P  C  C  T  F  V  P  S  N  N  Y  I  I
CCAAACAAAAGTGAAGAGCTGGAAACCGAGATTTGCCGGGTATTGATGACCCCTTCCTATACCTCGTCGACCACAGAAATATGAAGCCTGGTCAGAAAAAACATAGCAGCCAGCCCCT
 P  N  K  S  E  E  L  E  T  R  F  A  G  I  D  D  P  F  L  Y  P  I  V  D  H  R  N  M  K  P  G  Q  K  K  H  S  S  Q  A  P
CATCTATTACTAATGCTGCTGCCGTCATACAGGCAAGAGTCCCAGCAGCGCAAGAAAGGGCTTTGATGTCTGCTTCTACTGTTTTAGAAATGTTCAAGACAATTGTTGTCTG
 H  L  L  L  M  L  L  P  S  Y  R  Q  E  S  Q  Q  P  N  R  R  K  K  R  A  L  D  A  A  Y  C  F  R  N  V  Q  D  N  C  C  L
CGTCCATTGTTTATTGACTTTAAGAGGGATCTTGGCTGGAAATGGATTCATGAACCCAAAGGTTACAATGCTAACTTCTGTGCTGGAGCCTGCCCCTATCTGTGGAGCGCCGACACCCAG
 R  P  L  F  I  D  F  K  R  D  L  G  W  K  W  I  H  E  P  K  G  Y  N  A  N  F  C  A  G  A  C  P  Y  L  W  S  A  D  T  Q
CACACAAGGGTTCTCGGTCTGTATAACACCATTAACCCAGAAGCCTCTGCTTCTCCGTGCTGTGTCATCTCAAGATTAGACTCTTTAACTATATTGTACTATGTCGGGAAAACACCGAAA
 H  T  R  V  L  G  L  Y  N  T  I  N  P  E  A  S  A  S  P  C  C  V  S  Q  D  L  D  S  L  T  I  L  Y  Y  V  G  K  T  P  K
ATCGAACAGCTCTCCAATGATGATTGTAAAGTCGTGTAAATGTAGCTAG
 I  E  Q  L  S  N  M  I  V  K  S  C  K  C  S  *
GCTTGACAATAGAGCATGTGTTTTTAGTGGAGGAAAAACAAACAAAACTTTTTTTGTAAAAATAAATAAAAATTTAAGGCTTGTTCAATCAGTGTTATAATGTACAAAAAGAAGAGGGAA
AAAACGGTACTAGTGTGAACTTTTTGAATTTTTTTTTTATAACTGGCAGAAAATTCAAAACATTGAAGGTTTTGTTAAGGGTTTTGTAGTAACTCAATTAAATATCCTTGGAGAGGAACA
TTACCCCCTCCCCCTTTTCTGGTTAATGTTCCTGTGTTCTAGTGGGAGATTTGGG
```

图 4 - 22　棘腹蛙 TGF - β2 的基因编码序列及其对应的氨基酸序列

及可能性存在着高度的一致性。因此，推断出该蛋白质极有可能为亲水性蛋白。

```
TGF-beta          ------------------------------MDQFMRKRIEAIRGQILSKLKLTSPPEDYPEP
XP_018422606.1    MHYYLLSVVLILDLAAVALSLSTCSTLDMDQFMRKRIEAIRGQILSKLKLTSPPEDYPEP
XP_018120466.1    MHYYVLFACLTLELAPVALSLSTCSALDMDQFMRKRIEAIRGQILSKLKLNSPPEDYPEP
                                              *************************:*********

TGF-beta          EEVSQDVLSIYNSTRDLLQEKANQRALLCERERTDEEYYAKEVYKIDFLPPPFPSENAIH
XP_018422606.1    EEVSQDVISIYNSTRDLLQEKANQRALLCERERTDEEYYAKEVYKIDFLPPPFPSENAIH
XP_018120466.1    GEVSQDVISIYNSTRDLLQEKANERAASCERERSEDEYYAKEVYKIDMLP-YFTSENVIL
                   ****** :****************:**  *****: ***********:** *.***.*

TGF-beta          PNYYNPYFRIIRFDVSAMEKNVSNLVKAEFRVFRLQNPKARVSEQRIELYQILKSKDLTS
XP_018422606.1    PNYYNPYFRIIRFDVSAMEKNVSNLVKAEFRVFRLQNPKARVSEQRIELYQILKSKDLTS
XP_018120466.1    PSYTTPYFRIVRFDVASMEKNASNLVKAEFRVFRLMNPKARVSEQRIELYQILKSKDLAS
                  *.* .*****:****:.****:*:********************************:*

TGF-beta          PMQRYIDSKVVKTRAEGEWLSFDVTEAIKEWLRHRDRNLGFKISLHCPCCTFVPSNNYII
XP_018422606.1    PMQRYIDSKVVKTRAEGEWLSFDVTEAIKEWLRHRDRNLGFKISLHCPCCTFVPSNNYII
XP_018120466.1    PTQRYIDSKVVKTRAEGEWLSFDVTEAVNEWLHHKDRNLGFKISLHCPCCTPIPSTNYII
                  * ************************:.***:*:**************** .**.****

TGF-beta          PNKSEELETRFAGIDDPFLYPIVDHRNMKPGQKKHSSQAPHLLLMLLPSYRQESQQPNRR
XP_018422606.1    PNKSEELETRFAGIDDPFLYPIVDHRNMKPGQKKHSSQAPHLLLMLLPSYRQESQQPNRR
XP_018120466.1    PNKSEELETKFAGIDDAYMYAGVDPR-TKTGRKKHTGRTPHLLLMLLPSHRLESQQSSRR
                  *********:******  .::*.  *** *  *:**.  :*********:*  **** .**

TGF-beta          KKRALDAAYCFRNVQDNCCLRPLFIDFKRDLGWKWIHEPKGYNANFCAGACPYLWSADTQ
XP_018422606.1    KKRALDAAYCFRNVQDNCCLRPLFIDFKRDLGWKWIHEPKGYNANFCAGACPYLWSSDTQ
XP_018120466.1    KKRALDAAYCFRNVQDNCCLRPLYIDFKRDLGWKWIHEPKGYNANFCAGACPYLWSSDTQ
                  ***********************:************************************

TGF-beta          HTRVLGLYNTINPEASASPCCVSQDLDSLTILYYVGKTPKIEQLSNMIVKSCKCS
XP_018422606.1    HTRVLGLYNTINPEASASPCCVSQDLESLTILYYVGKTPKIEQLSNMIVKSCKCS
XP_018120466.1    HSRVLGLYNTINPEASASPCCVSQDLDSLTILYYIGNKPKIEQLSNMIVKSCKCS
                  *:************************:*******:*:. ****************
```

图 4 - 23　棘腹蛙与倭蛙、非洲爪蟾 TGF - β2 氨基酸序列比对结果

XP_018422606.1：倭蛙 TGF - β2　　XP_018120466.1：非洲爪蟾 TGF - β2

注：序列中氨基酸一致的用"*"表示，相似的用"."表示。

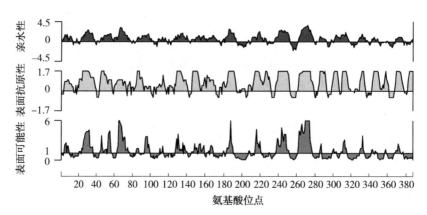

图 4 - 24 *TGF - β2* 基因氨基酸序列亲水性、表面抗原性及可能性分析

　　运用在线工具对棘腹蛙 TGF - β2 二级结构进行预测得知：二级结构中 α-螺旋占 38.24％；β-转角占 8.79％；无规则卷曲占 34.63％；延伸链占 18.35％（图 4 - 25）。其中，α-螺旋与无规则卷曲占大多数。

```
            10          20          30          40          50          60          70
            |           |           |           |           |           |           |
MDQFMRKRIEAIRGQILSKLKLTSPPEDYPEPEEVSQDVLSIYNSTRDLLQEKANQRALLCERERTDEEY
hhhhhhhhhhhhhhhhhhhhhhhhhec    cccccchhhhhhhhhhhhhhhhhhhhhhhhhhhhhhhhhhhhhhhh
YAKEVYKIDFLPPPFPSENAIHPNYYNPYFRIIRFDVSAMEKNVSNLVKAEFRVFRLQNPKARVSEQRIE
hhhhheeeecccccccccccccttccccteeeeechhhhhhhhhhhhhhhhhheeeeccttccccchhhhh
LYQILKSKDLTSPMQRYIDSKVVKTRAEGEWLSFDVTEAIKEWLRHRDRNLGFKISLHCPCCTFVPSNNY
hhhhhhttccccchhhhhhhtteeecctttceeeeehhhhhhhhhhhhtcccctteeeeeccccceeccttce
IIPNKSEELETRFAGIDDPFLYPIVDHRNMKPGQKKHSSQAPHLLLMLLPSYRQESQQPNRRKKRALDAA
eccccchhhhhhhtcccceeeeecccccttcccccccccheeeeecccccccccccccccccchhhhhh
YCFRNVQDNCCLRPLFIDFKRDLGWKWIHEPKGYNANFCAGACPYLWSADTQHTRVLGLYNTINPEASAS
hhhtcccttccccceeehhhttceeecctttcccceeettccceeeeccccchheeeeettccttcccc
PCCVSQDLDSLTILYYVGKTPKIEQLSNMIVKSCKCS
cccehhhhhhheeeeeetccccchhhhhhheehccccc
```

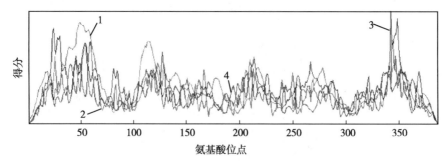

图 4 - 25 棘腹蛙 TGF - β2 蛋白质二级结构分析

1：α-螺旋 2：β-转角 3：无规则卷曲 4：延伸链

　　以人的 TGF - β2 为模板运用在线工具预测棘腹蛙 TGF - β2 的蛋白质结构，
得知两者的相似度为 43%，密度值 46.86%，且主要为 α 螺旋及无规则卷曲构成
的蛋白质，预示着该蛋白可能仍保留细胞表面受体的结合能力，但在与人的
TGF - β2 功能上存在着一定的分化（图 4 - 26）。

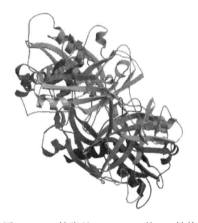

图 4 - 26　棘腹蛙 TGF - β2 的 3D 结构

第五章

棘腹蛙重要细胞因子的基因的克隆与序列分析

第一节　棘腹蛙细胞因子概述

细胞因子（Cytokine，CK）是由多种组织细胞（主要为免疫细胞）所合成和分泌的小分子多肽或糖蛋白。细胞因子能介导细胞间的相互作用，具有多种生物学功能，如调节细胞生长、分化成熟、功能维持，调节免疫应答，参与炎症反应，创伤愈合和肿瘤消长等。最初，人们不清楚细胞因子的本质，便根据其生物学活性进行命名，结果导致同一细胞因子有多种名称。后来，人们认识到细胞因子主要由白细胞合成，主要介导白细胞间的相互作用，于是将这些因子统一命名为白细胞介素（IL），并按发现的先后顺序冠以阿拉伯数字进行命名，如 IL-1、IL-2、IL-3 等。自 1957 年 Lssac 发现干扰素以来，迄今已经发现了 200 多种细胞因子。人们将所有白细胞介素、干扰素、肿瘤坏死因子、造血因子、生长因子、趋化因子等统称为细胞因子。现代基因工程和细胞工程技术的快速发展，为发现更多的细胞因子和研究其结构与功能提供了技术条件，细胞因子的研究成果为临床上预防、诊断、治疗疾病提供了科学基础，特别是利用细胞因子治疗肿瘤、感染、造血功能障碍、自身免疫性疾病等，具有非常广阔的应用前景。

一、细胞因子分类

（一）根据产生细胞因子的细胞种类分类

淋巴因子（Lymphokine）于 20 世纪 60 年代开始命名，主要由淋巴细胞产生，包括 T 淋巴细胞、B 淋巴细胞和 NK 细胞等。重要的淋巴因子有 IL-2、IL-3、IL-4、IL-5、IL-6、IL-9、IL-10、IL-12、IL-13、IL-14、IFN-γ、TNF-β、GM-CSF 和神经白细胞素等。

单核因子（Monokine）主要由单核细胞或巨噬细胞产生，如 IL-1、IL-6、IL-8、TNF-α、G-CSF 和 M-CSF 等。

非淋巴细胞、非单核-巨噬细胞产生的细胞因子，主要由骨髓和胸腺中的基质细胞、血管内皮细胞、成纤维细胞等细胞产生，如 EPO、IL－7、IL－11、SCF、内皮细胞源性 IL－8 和 IFN－β 等。

（二）根据细胞因子主要的功能分类

IL 于 1979 年开始命名。由淋巴细胞、单核细胞或其他非单个核细胞产生的细胞因子，在细胞间相互作用、免疫调节、造血以及炎症过程中起重要调节作用，凡命名的 IL 的 cDNA 基因克隆和表达均已成功，目前已报道的有 IL－1～IL－15。

集落刺激因子（Colony Stimulating Factor，CSF），根据不同细胞因子刺激造血干细胞或分化不同阶段的造血细胞在半固体培养基中形成不同的细胞集落，分别命名为 G（粒细胞）－CSF、M（巨噬细胞）－CSF、GM（粒细胞-巨噬细胞）－CSF、Multi（多重）－CSF（IL－3）、干细胞因子（SCF）、促红细胞生成素（EPO）等。不同 CSF 不仅可刺激不同发育阶段的造血干细胞和祖细胞增殖的分化，还可促进成熟细胞的功能。

干扰素（Interferon，IFN）为 1957 年发现的细胞因子，最初发现某一种病毒感染的细胞能产生一种物质可干扰另一种病毒的感染和复制，因此而得名。根据干扰素产生的来源和结构不同，可分为 IFN－α、INN－β 和 IFN－γ，它们分别由白细胞、成纤维细胞和活化 T 细胞所产生。各种不同的 IFN 生物学活性基本相同，具有抗病毒、抗肿瘤和免疫调节等作用。

肿瘤坏死因子（Tumor Necrosis Factor，TNF），最初发现这种物质能造成肿瘤组织坏死而得名。根据其产生来源和结构不同，可分为 TNF－α 和 TNF－β 两类，前者由单核-巨噬细胞产生，后者由活化 T 细胞产生，又名淋巴毒素（Lymphotoxin，LT）。两类 TNF 基本的生物学活性相似，除具有杀伤肿瘤细胞外，还有免疫调节、参与发热和炎症的发生。大剂量 TNF－α 可引起恶病质（别称恶液质），因而 TNF－α 又称恶病质素（Cachectin）。

转化生长因子-β 家族（Transforming Growth Factor－β Family，TGF－β Family），由多种细胞产生，主要包括 TGF－β1、TGF－β2、TGF－β3、TGFβ1β2 以及骨形成蛋白（BMP）等。

趋化因子家族（Chemokine Family），包括两个亚族：C－X－C/α 亚族主要趋化中性粒细胞，主要的成员有 IL－8、黑素瘤细胞生长刺激活性（GRO/MG-SA）、血小板因子-4（PF－4）、血小板碱性蛋白、蛋白水解来源的产物人结缔组织激活肽Ⅲ（CTAP－Ⅲ）和 β-血小板球蛋白（β－thromboglobulin）、炎症蛋白 10（IP－10）、人上皮中性粒细胞活化肽 78（ENA－78）；C－C/β 亚族主要趋化单核细胞，这个亚族的成员包括巨噬细胞炎症蛋白-1α（MIP－1α）、巨噬细胞炎症蛋白-1β（MIP－1β）、趋化因子（C－C 基元）配体 5（RANTES）、单核细胞趋化蛋白-1（MCP－1）、单核细胞趋化蛋白-2（MCP－2）、单核细胞趋化蛋白-3（MCP-3）和重组人趋化因子（I-309）。其他细胞因子，如表皮生长因子（EGF）、血小板衍生生长因子（PDGF）、成纤维细胞生长因子（FGF）、肝细胞生长因子（HGF）、IGF-1、IGF-2、白血病抑制因子（LIF）、神经生长因子（NGF）、抑瘤素 M（OSM）、血小板衍生内皮细胞生长因子（PDECGF）、转化生长因子-α（TGF-α）、血管内皮细胞生长因子（VEGF）等。

二、细胞因子的作用特点

众多的细胞因子有以下共同的作用特点：

（1）绝大多数细胞因子为相对分子质量小于 25kDa 的糖蛋白，相对分子质量低者如 IL-8 仅 8kDa。多数细胞因子以单体形式存在，少数细胞因子如 IL-5、IL-12、M-CSF 和 TGF-β 等以双体形式发挥生物学作用。大多数编码细胞因子的基因为单拷贝基因（IFN-α 除外），并由 4～5 个外显子和 3～4 个内含子组成。

（2）主要与调节机体的免疫应答、造血功能和炎症反应有关。

（3）通常以旁分泌（Paracrine）或自分泌（Autocrine）形式作用于附近细胞或细胞因子产生细胞本身。在生理状态下，绝大多数细胞因子只有产生的局部起作用。

（4）高效能作用，一般在皮摩尔（10～12M）水平即有明显的生物学作用。

（5）存在于细胞表面的相应高亲和性受体数量不多，每个细胞上有 10～10 000个。近年来，细胞因子受体的研究进展相当迅速，根据细胞因子受体基因 DNA 序列以及受体胞膜外区氨基酸序列、同源性和结构，可分为 4 个类型：免疫球蛋白超家族、造血因子受体超家族、神经生长因子受体超家族和趋化因子受体。

（6）多种细胞产生，一种 IL 可由许多种不同的细胞在不同条件下产生，如 IL-1 除单核细胞、巨噬细胞或巨噬细胞系产生外，B 细胞、自然杀伤细胞（NK 细胞）、成纤维细胞、内皮细胞、表皮细胞等在某些条件下均可合成和分泌 IL-1。

（7）多重调节作用（Multiple Regulatory Action），细胞因子不同的调节作用与其本身浓度、作用靶细胞的类型以及同时存在的其他细胞因子种类有关。有时动物种属不一，相同的细胞因子的生物学作用有较大的差异，如人 IL-5 主要作用于嗜酸性粒细胞，而鼠 IL-5 还可作用于 B 细胞。

（8）重叠免疫调节作用（Overlapping Regulatory Action），如：IL-2、IL-4、IL-9 和 IL-12 都能维持和促进 T 淋巴细胞的增殖。

（9）以网络形式发挥作用。

（10）与激素、神经肽、神经递质共同组成了细胞间信号分子系统。

第二节　棘腹蛙白细胞介素分析

IL 是由机体多种细胞上产生并且作用于多种细胞上的一类特有细胞因子。由于白细胞介素最初是在白细胞上产生又在白细胞之间发挥重要的作用，所以由此而得名，至今仍一直沿用着。白细胞介素 - 15（IL - 15），是具有重要的调节作用，和血细胞生长因子同属细胞因子两者相互协调、相互作用，共同完成造血和免疫调节功能。IL - 15 在激活免疫细胞、调节免疫细胞、介导 T 细胞活化与 B 细胞活化、传递信息、分化与增殖以及各种炎症反应上起着重要作用。

IL 作为一类重要的免疫调节的物质。在免疫细胞的这几类过程中（成熟、活化、增殖和免疫调节等）过程中都发挥着重要作用，另外它们还参与机体的病理和多种生理的反应。20 世纪 70 年代末以来，随着社会的发展分子生物学技术也得到了一定的发展。人们利用 cDNA 克隆化的技术，一个个的细胞因子的结构被阐明，还利用外源基因表达技术，获得了大量的重组细胞因子纯品，使细胞因子的功能研究获得明确的结果在这十几年时间里，细胞因子在研究领域中获得了令人想不到的成果，其中分子克隆成功阐明的细胞因子结构与功能已达到了数百种，有上百种重组细胞因子已经在进行临床研究，治疗肿瘤、感染、造血功能障碍等疾病。已知的 IL 已经达 38 种，其中大多数 IL 和抑制剂已经被批准作为药物正式上市，研究也已经进入了临床阶段。IL 在功能关系中的免疫反应表达和调节，这种调节来源于淋巴细胞（吞噬细胞）的许多因子的参与，这种因子自身的物理化学性质不清楚。有关 IL 这种细胞因子的研究领域获得的惊人成果，但就目前来说，有关 IL 的研究主要见于人类和常见的哺乳类、鸟类（主要是家禽）、鱼类等，在两栖纲蛙类中的研究较少。

一、IL - 1β 基因的克隆与序列分析

IL1 族的 11 种细胞因子在 20 世纪 40 年代间逐渐被发现，一些研究者在培养人的末梢白细胞时，分离出一种物质，小鼠胸腺细胞的生长与该物质有关，随即称之为淋巴细胞活化因子。在后继研究中证明，免疫反应中由单核/巨噬细胞产生的淋巴细胞活化因子起着至关重要的作用，后来国际会议正式命名该物质为 IL。同时根据生物性质的不同，将巨噬细胞的产物称为 IL1，淋巴细胞产物称为 IL2。

Mardh 等从巨噬细胞 cDNA 文库分离出两种彼此不同但类似的互补 DNA，这两种互补 DNA 编码的蛋白质也不同，分别称之为 IL - 1α 与 L - 1β。有研究者将小鼠 IL - 1α cDNA 作为探针，发现小鼠的 IL - 1α 有 159 个氨基酸，但 IL - 1β 有 153 个氨基酸，编码这两种蛋白质的基因存在区别。虽然这两种蛋白质仅有

26％的同源性，却能够以相同的亲和力结合于同样的细胞表面受体，生物学作用相同。人的关节滑膜细胞也能够产生 IL－1β，将正常滑膜细胞分离培养时，分泌较少，在脂多糖的刺激下，分泌的 IL－1β 明显增加。关节软骨细胞中是 IL－1β 大量存在的地方，而聚集的外周血管及淋巴细胞中较少（Fardellone et al.，2020）。IL－1β 影响滑膜组织金属及软骨细胞酶的表达，甚至组织纤维蛋白溶酶激活剂、基质溶酶与胶原酶等都与 IL－1β 有关；内皮细胞黏附因子的表达、B 细胞生长都由 IL－1β 促使；IL－1β 能够抑制软骨细胞蛋白质多糖的合成，以及 II 型胶原和 II 型前胶原 mRNA 的表达。软骨细胞中，降解软骨基质的酶也依赖于 IL－1β（黄金刚等，2010）。癫痫患者和癫痫模型大鼠海马内高度表达的促炎因子也是 IL－1β，在动物的惊厥和癫痫的发病中至关重要。用 IL－1β 处理星形间质细胞，发现 IL－1β 能够显著增加星形间质细胞细胞核内活化的核内转录因子的表达，并且促使星形间质细胞分裂，进而刺激内侧颞叶癫痫的缓慢发展（甘娜尹等，2013）。小鼠心肌细胞的凋亡受 IL－1β 影响。溃疡性结肠炎症患者血清中的 IL－1β 含量较正常人显著升高，存在细胞因子的调节失衡。

IL－1β 这种重要的免疫反应调节因子，在棘腹蛙免疫反应中同样具有重要意义，鉴于此，通过对棘腹蛙 *IL－1β* 进行克隆和序列分析，可丰富我国蛙类基因文库的构建，同时为后期进一步研究 *IL－1β* 的抗病活性以及棘腹蛙饲养过程中细菌性疾病的防御和治疗提供数据支持。

为进一步研究 *IL－1β* 基因的序列，首先根据此前测得的棘腹蛙转录组数据，对 *IL－1β* 基因进行引物设计，上游引物序列为 5′－TCACAAGAAAGTACAATAGAAGTCG－3′，下游引物序列为 5′－AGTTACTCCTTTCTTCTCTGTCCGA－3′。

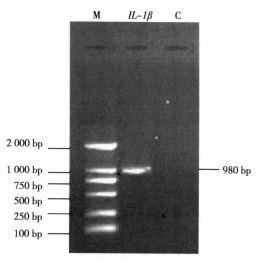

图 5-1 *IL-1β* 基因电泳图谱
M：标准分子量 *IL-1β*：阳性样品 C：阴性对照

随后，对 *IL－1β* 基因进行逆转录，利用 PCR 进行扩增（图 5-1），随后将目的条带进行回收，并将其与 pMD18－T 载体连接，将重组质粒转入感受态大肠杆菌 JM109，培养并筛选阳性菌落，再用菌落 PCR 法选阳性克隆，随后进行核酸序列测定。同时，将棘腹蛙 *IL－1β* 基因进行同源性分析（图 5-2）。

用 DNAStar 软件对棘腹蛙 *IL－1β* 氨基酸序列进行亲水性、表面可能性和表面抗原性分析（图 5-3），序列分析 *IL－1β* 所编码的氨基酸发现，其氨基酸位点 1～40、101～118、221～248 为亲水性区域，且 *IL－1β* 所表现出的蛋白质的

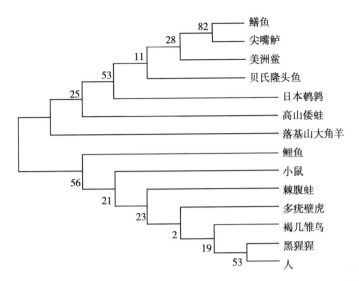

图 5-2 棘腹蛙 *IL-1β* 同源序列的系统进化分析

注：物种名前为 GenBank 登录号，分支上的数字代表置信值。

系统进化树构建所用的物种及 GenBank 登录号：鳟鱼，XM020607351.1；尖嘴鲈，XM018702631.1；美洲鲨，XM013939219.1；贝氏隆头鱼，XM020638951.1；日本鹌鹑，XM015870966.1；高山倭蛙，XM018554678.1；落基山大角羊，CP011889.1；鲤鱼，JN728613.1；小鼠，XR001783164.1；多疣壁虎，XM015421127.1；褐几雏鸟，LK076387.1；黑猩猩，AC193861.3；人，AC239600.3。分支上的数字代表置信值。

表面可能性和表面抗原性与其亲水性区域位点表现出一致的性质。

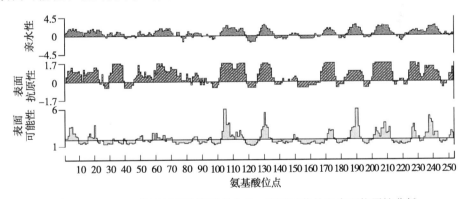

图 5-3 *IL-1β* 基因氨基酸序列亲水性、表面可能性和表面抗原性分析

　　用 SOPMA 网站对该蛋白质的氨基酸序列进行分析，说明 IL-1β 蛋白质的二级结构中，α-螺旋占 26.19%；β-转角占 9.52%；无规则卷曲占 34.13%；延伸链占 30.16%（图 5-4）。由此可见，无规则卷曲与延伸链相对较多。

　　以人的 IL-1β 为模板，预测棘腹蛙干扰素（IL-1β）的蛋白质空间结构

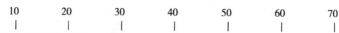

```
          10        20        30        40        50        60        70
          |         |         |         |         |         |         |
MNSYSEEDFNADCSSEIKDDMNDLGWKTCISTESDCSSSMTYGIVKPGTPLKKAIKLTETYGNGEAENID
hhhcchhhcchhhhhhhhhhhhhttcceeeeecccccccceeeeeeccttcccchheeeeehcccccccccc
DGRILLNDDDIFINKEAHLEAVSKFTNATVLIRDSRQKRLTLREHQGSTHLVCLFLQGNNNNKEATISMDA
tteeeecccceeectthhhhhhhhhhctheeeeeccttcceeeeectttcceeeeeeeecccccccceeehhh
LTSSLFTGPTHQVTLSIVGHNLYLSCKVGEGDQNTPALSLMEATDIQEKEENDLLSFLRRSANTNNGKN
hhhhheccccceeeeeeeetcceeeeeecccccccchhhhhhhhhcchhhhhhhhhheehcccctttccc
RFESVAFPGWYICTSQSENQFLEIKPESDQEHIRDFLLYPRS
ceeeeecttteeeecccttteeeeeecccccchhhhhheeccct
```

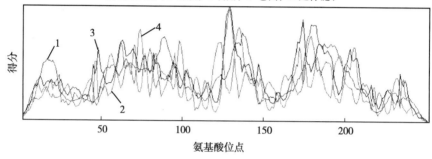

二级结构预测（h=螺旋，t=转角，c=卷曲，e=延伸链）

图 5-4　棘腹蛙 IL-1β 蛋白质二级结构分析

1：α-螺旋　2：β-转角　3：无规则卷曲　4：延伸链

（图 5-5），显示它们相似度为 35%，密度值为 32.90%，主要为无规则卷曲与延伸链构成的蛋白质，暗示该蛋白可能依然保留细胞表面受体结合能力，但与人的干扰素存在一定功能分化。

序列分析 IL-1β 所编码的氨基酸发现，其氨基酸位点 1～40、101～118、221～248 为亲水性区域，且其亲水性区域位点与其所表现出的蛋白质的表面可能性和表面抗原性出现一致的性质。蛋白质结构预测显示，IL-1β 蛋白质的二级结构中，无规则卷曲与延伸链相对较多，推测 IL-1β 所编码的蛋白

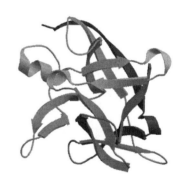

图 5-5　棘腹蛙 IL-1β 蛋白质三级结构分析

质可能不是分泌蛋白。IL-1β 与人的 IL-1β 相似度为 35%，说明该蛋白与人的细胞表面受体结合能力相对保守。

二、IL-8 基因的克隆与序列分析

白细胞介素-8（Interleukin-8，IL-8）是一个多功能的，由多种细胞类型

分泌的趋化因子，属于趋化因子 CXC 类，单核巨噬细胞是体内 IL-8 的主要来源 (Murphy et al.，2000)。IL-8 可以促进炎症细胞趋化和诱导细胞增殖，并在癌组中高表达。与多种炎性反应性疾病、免疫性疾病、肿瘤的发生和发展关系密切。在国外，1986 年，Kownazki 首次证实了单核细胞能够产生一种中性粒细胞趋化因子；1987 年，Yashirama 证明了其对中性粒细胞有趋化作用 (Matsushima et al.，1988)；1988 年，命名该细胞因子为中性粒细胞活性肽/白细胞介素-8 (NAP/IL-8) (Lindley et al.，1988)；同年，Lindey 也成功地在大肠杆菌内获得了 IL-8 的产物，实现了 IL-8 基因重组，为成功合成、重组 IL-8，制备抗 IL-8 单克隆抗体铺平了道路。2011 年，有研究克隆和测序了非洲爪蟾的 *IL-8* 基因，并在大肠杆菌中成功表达。研究的步伐从未停止，最近几年，国内学者已先后成功克隆出鸭、猪、鲤鱼、斜带石斑鱼、半细羊、淇河鲫的 *IL-8* 基因。就目前而言，有关 IL-8 的研究主要见于人类和常见的哺乳类、鸟类（主要是家禽）、水生类等。这些研究成果在哺乳动物、水生动物的疾病治疗中得到了广泛的应用，为预防和诊治肿瘤、各种疾病奠定了医学基础，但有关棘腹蛙 IL-8 的研究极少。

　　因此，为进一步研究棘腹蛙 IL-8 的功能，需弄清 IL-8 的序列相关信息。首先，收集棘腹蛙组织，分离 RNA，根据前期转录组数据设计 *IL-8* 基因特异性引物，上游引物为 5′-TGCTGTAAGGGCAGTACTCTTCAGA-3′，下游引物为 5′-ATTTCTTCTGTATATGGGGTCGGAG-3′。随后，将 RNA 逆转录为 cDNA，利用 PCR 技术对 *IL-8* 基因进行扩增，并于琼脂糖凝胶电泳中检测。同时，回收目的条带，和 pGEM-T 载体连接，并与大肠杆菌 DH5α 共培养，筛选重组质粒阳性菌，并以重组质粒 DNA 为模板，进行 PCR 鉴定。

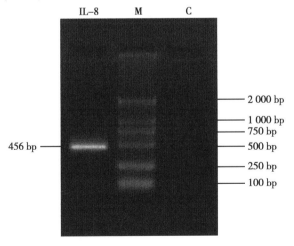

图 5-6　棘腹蛙重组质粒 pGEM-T-Pb-IL-8 PCR 结果

IL-8：pGEM-T-Pb-IL-8 质粒的 PCR 产物　M：DL 2 000 DNA 标准分子量　C：阴性对照

　　pGEM－T－Pb－IL－8 测序的阳性克隆测序结果如下，获得了 456bp 的目的片段，与预期值相符。

TGCTGTAAGGGCAGTACTCTTCAGA CATAGCTGAAAACCACAGGCT
CAGTCATAAACTGACAAGAACACAATGAAAGCCACAATGACT ATGATT
GCAGTTCTGACCGTCTCCCTGATGTGTGTTACTCTCTCACAAGGGAGGA
CACTTATATCAGCACAAGAGCTTAGGTGCCAATGTGTAAAAACAGAGA
CCAAGCCAATATCTCACAGACATTTCCTGAACCTGGAGGTGATCCCGA
AAGGCCCACACTGCAAGCATGTAGAAGTCATAGCCACCATGAAAAAAG
GTCTGCAAGTGTGTTTAGAGCCTACAGCTCCATGGGTCATAAGGATCA
TCGAAAGATTTTTAAATACAGCCAAAACGTCTTCACCTTAAGGAGCAC
CAAAATTTATTTAACTGCTAAAAAGTTGAGCTTCAATGCAAAGCTTA
CTCCGACCCCATATACAGAAGAAAT，下划线部分为该基因的 ORF 序列，加边框区域为引物设计区。

　　为了解棘腹蛙 *IL-8* 基因的分子进化，在 NCBI 网站上下载了 9 个物种 *IL-8* 核苷酸序列，和棘腹蛙 *IL-8* 核苷酸序列进行比对，分析其同源性（图 5-7）；用 Mega6.0 软件中的邻接法构建遗传进化树（图 5-8），结果显示，*IL-8* 在物种的分子进化过程中产生了两条分支，棘腹蛙 *IL-8* 核苷酸序列与同一科的高山倭蛙独聚一支，同源性为 97.5%，置信值为 84%，亲缘关系最近，与同一属的热带爪蟾同源性为 61.4%，有相对较近的进化关系，而与其他物种的亲缘关系较远。说明棘腹蛙 *IL-8* 的遗传进化相对稳定而保守。

密度/%

	1	2	3	4	5	6	7	8	9	10		
1		97.5	61.4	56.4	57.8	59.6	59.6	58.9	58.5	58.5	1	Paa
2	2.5		63.2	56.2	58.1	59.2	59.2	59.6	58.4	58.4	2	XM_018565987.1
3	54.8	51.2		60.3	60.3	58.5	59.2	63.5	60.3	60.3	3	XM_002942531.3
4	66.2	66.8	56.7		85.6	88.8	89.5	88.1	90.2	90.5	4	XM_009486042.1
5	63.7	63.2	56.9	16.1		87.0	87.4	88.1	86.3	86.7	5	XM_009570220.1
6	59.1	60.3	61.2	12.2	14.4		91.6	87.7	90.2	90.5	6	XM_009873340.1
7	58.9	60.0	59.4	11.5	14.1	9.0		88.4	91.6	91.9	7	XM_010124455.1
8	60.9	59.3	50.2	13.0	13.1	13.6	12.8		88.8	88.4	8	XM_010003627.1
9	61.4	61.6	57.2	10.6	15.3	10.6	9.1	12.3		99.6	9	XM_005435234.1
10	61.4	61.6	57.2	10.2	14.9	10.2	8.7	12.7	0.4		10	XM_005243187.1
	1	2	3	4	5	6	7	8	9	10		

图 5-7　棘腹蛙 *IL-8* 与其他物种核苷酸的同源性分析

　　通过 DNAstar 软件翻译 *IL-8* 基因的 ORF 获得的蛋白质序列：MKATM
TMIAVLTVSLMCVTLSQG RTLISAQELRCQCVKTETKPISHRHFLNLEVI
PKGPHCKHVEVIATMKKGLQVCLEPTAPWVIRIIERFLNTAKTSSP。

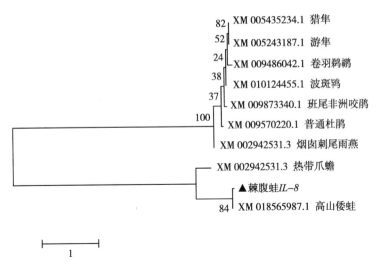

图 5-8　棘腹蛙 *IL-8* 同源序列的系统发育分析

注：阴影部分为该物种核苷酸序列的 GenBank 登录号，分支上的数值为置信值。

棘腹蛙 IL-8 蛋白质相对分子质量约为 11.3kDa，等电点为 9.4，含碱性氨基酸 17 个，酸性氨基酸 6 个。经 SMART 软件分析，棘腹蛙 IL-8 蛋白质含 1 个信号肽和 1 个 SCY 结构域，上述加边框的序列为信号肽序列（1～23），加下划线的区域为 SCY 结构域（31～92）。棘腹蛙 *IL-8* 所编码的氨基酸亲水性区域较广，为氨基酸序列中的 24～27、31～50、55～62、93～101，且 IL-8 蛋白质所表现的表面抗原性及其表面可能性皆与其亲水性区域位点表现基本一致（图 5-9）。

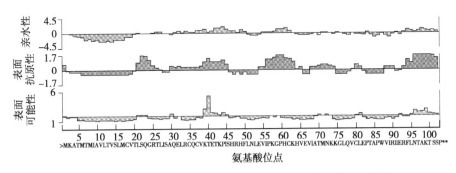

图 5-9　棘腹蛙 IL-8 蛋白质亲水性、表面抗原性和表面可能性

通过在线软件预测了棘腹蛙 IL-8 蛋白质的二级结构，结果显示（图 5-10），在棘腹蛙 IL-8 成熟蛋白质中，α-螺旋占 45.45%，β-转角占 6.93%，不规则卷曲占 31.668%，延伸链占 15.84%。整个蛋白质可能存在 α-螺旋区域为氨基酸序列的 1～28、31～35、84～94，不规则卷曲氨基酸位点为 38～49、55～63、

107～101，β-转角氨基酸位点为 29、73～74、80～81、104～105，延伸链氨基酸位点为 35～36、50～54、65～69、75～78。

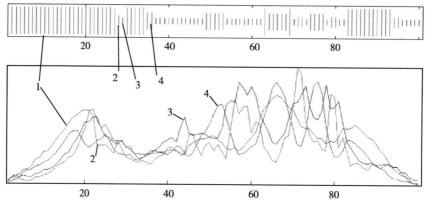

图 5-10 棘腹蛙 IL-8 蛋白质的二级结构预测

h、1：α螺旋 t、2：β转角 c、3：不规则卷曲 e、4：延伸链

利用 Swiss model（http：//www. swissmodel. expasy. org/）以人的 IL-8 为模板预测棘腹蛙 IL-8 蛋白质的三级结构（图 5-11），发现其二者相似度为 44%，密度值为 45.83%。包括 3 个 α-螺旋和 3 个 β-折叠（箭头方向为 N 端向 C 端），结构比人的 IL-8 简单。

综上所述，IL-8 是趋化因子家族的一种中性粒细胞趋化因子，与多种炎性反应性疾病、免疫性疾病、肿瘤的发生和发展关系密切。通过以棘腹蛙的 cDNA 为模板，获得了棘腹蛙 *IL-8* 基因的全序列，丰富了我国蛙类基因文库。该基因与同一科的高山倭蛙的 IL-8 核苷酸序列同源性极高为 97.5%，进化地位保守。蛋白结构分析表明，棘腹蛙 IL-8蛋白质含有一个 23aa 的疏水信号肽和一个 62aa 的 SCY 结构域，说明该蛋白质为分泌蛋白质，证实了棘腹蛙 IL-8 可参与免疫反应，具有趋化因子活性。蛋白质三级结构

图 5-11 棘腹蛙 IL-8 蛋白质的三级结构预测

预测显示，棘腹蛙 IL-8 与人的 IL-8 相似度为 44%，说明该蛋白与人的同源蛋白存在较大分化。

三、IL-10 基因的克隆与序列分析

白细胞介素-10（Interleukin-10，IL-10）作为一种多功能、多细胞源的细胞因子，主要的功能是调节细胞的生长与分化，以及参与免疫反应和炎性反应，因此，IL-10 与多种疾病密切相关（I，2012；L，2005）。IL-10 实现其生物学功能的方式主要是与细胞膜上相应的受体进行特异性结合。辅助性 T 细胞（T Helper Cells，TH）是白细胞的一种，可以辨识抗原呈献细胞，还能够分泌多种细胞因子（包括 Th1、Th2、Th3、Th9、Th17、Tfh 等），其中 Th1、Th2 这两个种类的细胞分别能够产生不同的细胞因子。Th1 细胞主要与细胞免疫相关，可协助细胞毒性 T 细胞分化，以此加强细胞的免疫功能。实现该功能主要是通过分泌 IFN-γ、TNF-β、IL-2 和 IL-12 等细胞因子。Th2 细胞主要产生的细胞因子有 IL-4、IL-5、IL-6 和 IL-10 4 种类型，其功能是促进 B 细胞的增殖继而产生抗体，促进体液免疫反应。IL-10 最初被发现是由于 Fiorentino 发现小鼠的 Th1 细胞的信使 RNA 被某种物质抑制了，而这种物质由 Th2 细胞分泌，这种物质被称为细胞因子合成抑制因子（Cytokine Synthesis Inhibitory Factor，CSIF）。1989 年，CSIF 被称为 IL-10。随着研究的逐步深入，发现很多种细胞都可以产生 IL-10，如 B 细胞，Th1、Th2 细胞，Th9、Th17、Th22 细胞，CD4＋T、CD8＋T 细胞等参与特异性免疫的细胞都可以产生 IL-10（Veldhoen et al.，2008）。另外，自然杀伤细胞（Natural Killer Cell）、树突细胞（Dendritic Cell）、嗜中性粒细胞（Neutrophil）、巨噬细胞（Macrophages）、嗜酸性粒细胞（Eosinophil）、肥大细胞（Mast Cell）等固有免疫细胞也可生成 IL-10 这种细胞因子。除了免疫细胞之外，还有一些非免疫细胞也可产生 IL-10。如角质形成细胞、肿瘤细胞、上皮细胞等。

IL-10 作为公认的免疫抑制因子，其功能主要为免疫抑制和免疫刺激作用。免疫抑制作用主要是抑制 NK 细胞和 Th1 类淋巴因子的活性、抑制炎症和免疫反应、抑制 T 细胞的凋亡、抑制 Th1 类淋巴因子和反应性氮氧化物的生成等。除此之外，IL-10 还具有免疫刺激作用。主要包括：促成抗原的特异性 B 细胞和 Mast cell 增殖；刺激非单核细胞依赖性 T 细胞的增殖和成熟。近年来，有关 IL-10 的研究进展较快，其中以 IL-10 的分子构造、生物学活性的研究报道居多。研究表明，哺乳动物 IL-10 的生物学功能通常以非共价键结合形成同源二聚体的形式来发挥。最近几年克隆并研究了多种哺乳动物的 IL-10 基因，诸如人、牛、犬、羊、大鼠及小鼠等，并进行了大量的研究和临床实验。尤其在近几年，国内学者对不同动物中 IL-10 进行了不同程度的研究和报道，这些研究成果为 IL-10 基因的构造、进化特变、表达调控炎症和免疫反应的规律打下了良好的理论实验基础。近年来，对 IL-10 的临床实验与研究也逐渐深入，为预防

和治疗动物和人的疾病打下了良好的基础，如脓毒症、类风湿性关节炎、肿瘤等。但是就目前来说，有关 *IL-10* 在两栖纲蛙类中的研究和报道十分罕见。

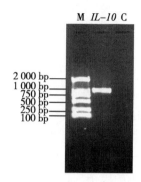

为分析棘腹蛙 *IL-10* 的序列，首先从各组织中分离 RNA，设计特异性引物，利用 RT-PCR 进行扩增，并用琼脂糖凝胶电泳检测并观察结果（图 5-12）。随后，切下含目的 DNA 的琼脂糖凝胶片的条带，将含目的 DNA 的条带移到试管并按操作进行回收。随后，将 PCR 产物与 pMD18-T 载体进行连接反应。再转化进大肠杆菌 JM109 感受态细胞，将该感受态细胞转入含

图 5-12   *IL-10* 基因电泳图谱
M：标准分子量   *IL-10*：阳性样品
C：阴性对照

有氨苄的 LB 固体培养基中，以此筛选出连接转化成功的大肠杆菌，再进行蓝白斑筛选，用菌落 PCR 法进一步筛选阳性克隆。利用邻近法构建 *IL-10* 的遗传进化树，棘腹蛙的 *IL-10* 与倭蛙单独聚为一支，与爪蟾类同源性较高，而与鸟类、鳄类、龟类动物亲缘关系较远。进一步说明棘腹蛙的 *IL-10* 基因遗传进化相对稳定并且保守（图 5-13）。

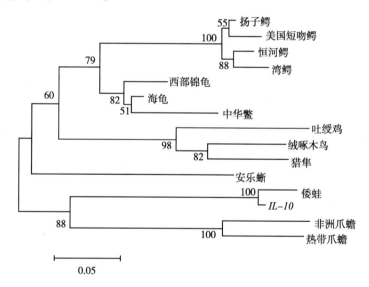

图 5-13   棘腹蛙 *IL-10* 同源序列的系统进化分析

系统进化树构建所用的物种及 GenBank 登录号：扬子鳄，XM006024784.1；美国短吻鳄，XM006267827.3；恒河鳄，XM019514278.1；湾鳄，XM019546517.1；西部锦龟，XM005306473.1；海龟，XM007065150.1；中华鳖 KT203380.1；吐绶鸡，NM001303189.1；绒啄木鸟，XM009897170.1；倭蛙，XM018564126.1；非洲爪蟾，XM018248728.1；热带爪蟾，NM001171929.1。分支上的数字代表置信值。

　　将所得的阳性克隆进行测序，测序结果如图 5 - 14 所示。经过 Editseq 软件分析得知棘腹蛙 *IL - 10* 全长序列含有一个长度为 360bp 的 ORF，可编码 120 个氨基酸，其中包含 15 个酸性氨基酸和 14 个碱性氨基酸。经在线软件 SMAR 分析得棘腹蛙 *IL - 10* 存在一个长度为 19 aa 的信号肽。

```
GTTTGTGTCACAGCTGCTGTGTTTATTTTTGTTTTAATTTTTTCTTTCCTGCAAGACCAT
TTGAGCATCTGTGATAAAC
ATGAACATGTTTGTTTGCTTTTGCTCATTTTTACCTGCAGCAAGGCAGTGATGTGTCAG
 M  N  M  F  C  L  L  L  I  F  T  C  S  K  A  V  M  C  Q
AGTGGAGATGCTGAAGGAAGTTGTCAGCGGGCTATAAATATATTCCCTGCTAAACTGAAA
 S  G  D  A  E  G  S  C  Q  R  A  I  N  I  F  P  A  K  L  K
GATCTCAGAACCACATTCCAGAAAGTGAGAAACTATTTTCAAATGAAGGATGATGAATTG
 D  L  R  T  T  F  Q  K  V  R  N  Y  F  Q  M  K  D  D  E  L
GATACCATATTACTTGAAAACAGTTTGCTTCAGGACTTCAAGAGTTCTATTGGATGTCAA
 D  T  I  L  L  E  N  S  L  L  Q  D  F  K  S  S  I  G  C  Q
ACTGTAACAGAAATGATTCGATTCTACCTAGATGATGTTCTACCATATGCACAAGAAGGC
 T  V  T  E  M  I  R  F  Y  L  D  D  V  L  P  Y  A  Q  E  G
AGTATTGTCATTAAATCAAATGTGAATTTCATGAAGGACAAACTGCTAGACCTAAAGTAG
 S  I  V  I  K  S  N  V  N  F  M  K  D  K  L  L  D  L  K  *
ACAATGAAACGCTGTCAACATTTTTGCCGTGTGATAGAAAAGCAAGGCCATCAAGCAG
ATCAAAGAAAAATACAATAAGTTAAAAGATCAAGGTATTTACAAGGCCGTTGGAGAATTT
GACATCTTCGTTGATTACATTGAAGAATACCTGATGTTCAGAAAGAAATAGAAAGTTATG
CGATCATTTTTGTATTCTTTAAAAACTCTAACATACTGAGTAAGATATTGCAAGGAATGAG
AAAGATGCACAATCATTTATGGGAAACCAATTTGATTACAATTTACCATAATTAATGGTAT
ATATAGTTGCACATACCAGACATATTTTAAATGTTTGATTTACTGAAAGCATGACATGTA
ATTGTCATAGGATGATGAACAGAACTATGAAGAATGAATTGGAGCCATAAATGCACACAA
GACTATGTTTAAAGTCTATTCTGATTTCCCAATAATTGGGAACAGAGGATCATTCTGTTG
AATGAGGATACATTGCCTTCAAG
```

图 5 - 14　棘腹蛙 *IL - 10* 的基因编码序列及其对应的氨基酸序列

注：方框为信号肽，阴影为起始子和终止子。

　　从非冗余蛋白库（Non - redundant Protein Sequence Database，*NR* 库）中下载两栖类动物的 IL - 10 同源蛋白质序列，利用 Clustal 软件进行多重序列比对。结果显示（图 5 - 15），棘腹蛙 IL - 10 与非洲爪蟾和热带爪蟾在 N 端存在一定的分化。

　　用 DNAStar 软件对棘腹蛙 IL - 10 蛋白质氨基酸序列进行亲水性、表面可能性和表面抗原性分析（图 5 - 16），序列分析 *IL - 10* 所编码的氨基酸发现，其氨基酸位点 20～30、39～61、108～112 为亲水性区域，且 *IL - 10* 所表现出的蛋白质的表面抗原性与其亲水性区域位点表现出基本一致的性质。

　　经过 SOPMA 软件对棘腹蛙 IL - 10 氨基酸序列进行结构分析显示，在 IL - 10 蛋白质的二级结构中，α - 螺旋占据主要地位，占 64.71%，β - 转角占 6.72%，无规则卷曲占 16.81%，延伸链占 11.76%（图 5 - 17）。

图 5-15 IL-10 氨基酸序列同源性比对

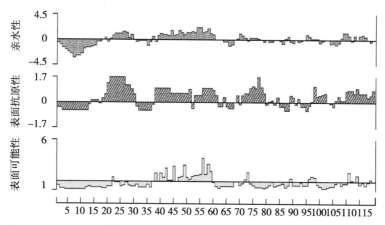

图 5-16 *IL-10* 基因氨基酸序列亲水性、表面可能性和表面抗原性分析

  上述内容分析了棘腹蛙 *IL-10* 基因的序列特征，并通过多序列比对以及进化分析阐明了棘腹蛙 IL-10 氨基酸序列的基本结构特点。利用棘腹蛙的 cD-NA 为模板，RT-PCR 方法获得了全长 942bp 可编码 120 个氨基酸的 *IL-10*，其中酸、碱氨基酸的数目相当。遗传与进化分析进一步说明，IL-10 与倭蛙单独聚为一支，与爪蟾近缘，进化相对保守。蛋白质预测显示，IL-10 与人的干扰素 α 相似度为 41%，主要为 α-螺旋构成的蛋白质，暗示该蛋白可能依然保留细胞表面受体结合能力，但与人的同源蛋白存在较大的分化。就目前来看，有关棘腹蛙 IL-10 的研究十分少见，为进一步了解棘腹蛙 *IL-10* 基因的特征及功能，探索两栖类的免疫预防机制，并为进一步研究棘腹蛙 *IL-10* 基因、分析其分子生物学特性以及进行临床治疗方面的研究打下了基础。通过研究棘腹蛙的免疫预防机制，以此提高棘腹蛙养殖效率，带来重要的经济效益。

二级结构预测（h= 螺旋, t=转角,c=卷曲,e = 延伸链）

```
         10        20        30        40        50        60        70
          |         |         |         |         |         |         |
MNMFCLLLLIFTCSKAVMCQSGDAEGSCQRAINIFPAKLKDLRTTFQKVRNYFQMKDDELDTILLENSLL
hhhhheeeeehtcheeeecttccccchhhhhechhhhhhhhhhhhhhhhhhhhccthhhhhhhhhhhhh
QDFKSSIGCQTVTEMIRFYLDDVLPYAQEGSIVIKSNVNFMKDKLLDLK
hhhhhhtcchhhhhhhhhhhhhhhcccccctttceeeehhhhhhhhhhhhhhc
```

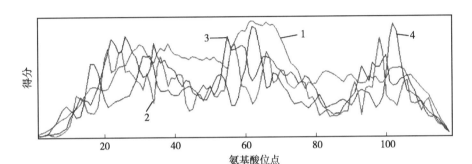

图 5 - 17　棘腹蛙 IL - 10 蛋白质二级结构分析

1：α-螺旋　2：β-转角　3：无规则卷曲　4：延伸链

四、IL - 15 基因的克隆与序列分析

通过采集棘腹蛙组织样本，提取 RNA。
IL - 15 序列来自棘腹蛙皮肤转录组数据，
利用 Primer 5.0 软件设计基因特异性引
物，上游引物为 5′ - ATCCTTCTTCTGT-
TTGCTAAATCTG - 3′，下游引物为 5′ -
CTCTAGGGGACACAGGCTATTA - 3′。

采用 RT - PCR 方法扩增棘腹蛙
IL - 15基因，具体逆转录反应体系和
PCR 反应体系与前述类似，PCR 反应
结束后取产物于琼脂糖凝胶电泳检测，
观察结果见图 5 - 18。随后，将琼脂糖
凝胶电泳分离，在紫外灯下切下含目的
条带的琼脂糖凝胶片，并按照凝胶回收
试剂盒使用说明进行回收。按常规方法
与 pMD18 - T 载体连接，并转化大肠杆
菌 JM109 感受态细胞，进行蓝白斑筛

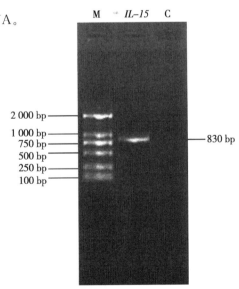

图 5 - 18　IL - 15 基因电泳图谱

M：标准分子量　IL - 15：阳性样品　C：阴性对照

选，用菌落 PCR 法进一步筛选阳性克隆并进行测序。

利用邻近法对 *IL-15* 同源序列构建遗传进化树，结果显示（图 5-19），*IL-15* 与牛蛙单独聚为一支，与高山倭蛙较为近缘，而与鳋、法老蚁等动物亲缘关系较远，进一步说明水生蛙的白细胞介素遗传进化相对稳定并且保守。

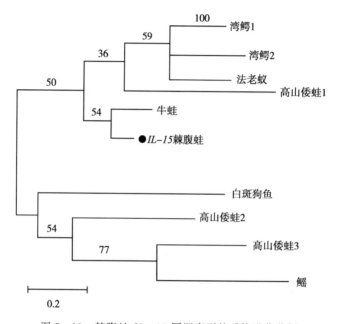

图 5-19　棘腹蛙 *IL-15* 同源序列的系统进化分析

进化树构建所用的物种及 GenBank 登录号：湾鳄 1，XM017902396.1；湾鳄 2，XM017902395.1；法老蚁，XM012671766.1；高山倭蛙 1，XM018563312.1；牛蛙，BT081537.1；白斑狗鱼，XM010691294.2；高山倭蛙 2，XM018570810.1；高山倭蛙 3，XM018572341.1；鳋，KM038111.1。分支上的数字代表置信值。

将经 RT-PCR 扩增后的产物纯化后克隆到 pMD18-T 载体中，构建重组质粒。再将经鉴定后的阳性重组子测序，测序结果如图 5-20 所示，*IL-15* 全长序列包含一个 ORF 为 465bp，与预期相符，共编码 154 个氨基酸，其中，酸性氨基酸为 28 个，远远大于碱性氨基酸的数目（19 个），暗示该蛋白质可能严格受到选择压力影响。

用 DNAStar 软件对棘腹蛙 IL-15 蛋白质氨基酸序列进行亲水性、表面可能性和表面抗原性分析（图 5-21），序列分析 *IL-15* 所编码的氨基酸发现，其氨基酸位点 32～58、63～70、103～155 为亲水性区域，且 *IL-15* 所表现出的蛋白质的和表面抗原性与其亲水性区域位点表现出一致的性质，表面可能性表现较一致出现细微差。

通过 SOPMA 软件对氨基酸序列进行结构分析显示，在 IL-15 蛋白质的二级结构中，α-螺旋占大多数，为 52.60%；β-转角占 0%；无规则卷曲占

```
GCTTTGACTAACCCTGTGTCTTTCCCAGCTGAAGATCTCCACTGCGCATGCGCCTATCCCATGATTCTTTGCGGCCGTCC
GAGAATTTTTAGAACTTCGGATGGGGAGCGCATGGCGGAGACACCGCAAAATGTACCCTGAAACAAAGATGCAGCAACC
CATCAAAGAATTGCATGTTGGCATGAAAAAAACATTCCATTACTATATAAAACTTTAGAAGACTTCTCCTCTGTGTTTC
TTCTTTATGATGAATAGCATAGACCATGGCCTAACTTTACCATAGCTTCGTGTCAATA
ATGCATCACTGGACTGTGCCTATAATCAGCGTCTTTTTCATTTTCAGCTATGCTATTCCT
     M  H  H  W  T  V  P  I  I  S  V  F  F  I  F  S  Y  A  I  P
GGGCCGGATGAAAAAAAGCAGTTGAAATTGCAACAAATAGGACAAGATCTGAACACAGTT
     G  P  D  E  K  K  Q  L  K  L  Q  Q  I  G  Q  D  L  N  T  V
CATGAGGAACTTAAGAAAAGTGAATTCTGGAACTACCGTAATGAAATAAAACTATACACC
     H  E  E  L  K  K  S  E  F  W  N  Y  R  N  E  I  K  L  Y  T
GCAAGTGCAGGCAATGCTGATACATGTGGAAAATCCATTCTGGATTGCTATGTTCAGGAA
     A  S  A  G  N  A  D  T  C  G  K  S  I  L  D  C  Y  V  Q  E
CTTCGAGGAGTTCTACAAGAGGTTAATCTAATCGAAGGGTTTGGGAGCAGAGCAGTAACT
     L  R  G  V  L  Q  E  V  N  L  I  E  G  F  G  S  R  A  V  T
GGTATACAACAAAAAATTTATGATATTTCGACCAATGCGGAGGATGATTCTCTTCAGAAT
     G  I  Q  Q  K  I  Y  D  I  S  T  N  A  E  D  D  S  L  Q  N
GGTAGTTGTAAGAAATGTGAGGAATATGAAGAAAAGCCTTTAGACCAGTTTATGAAAGAC
     G  S  C  K  K  C  E  E  Y  E  E  K  P  L  D  Q  F  M  K  D
TTTGAAACACTTACACAAAGAATGCAAACCTCTGAGAAGAATTAA
     F  E  T  L  Q  R  M  Q  T  S  E  K  N  *
AATCCGAGCTGGGATATAGGAGGATGTACCCACTGTTAACTGCTCTTCTGAATCTGATGATACAAG
```

图 5 - 20   棘腹蛙 *IL-15* 的基因编码序列及其对应的氨基酸序列

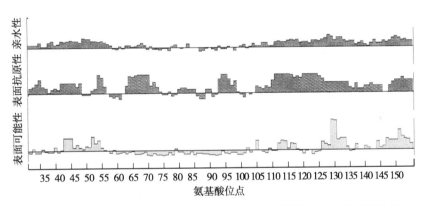

图 5 - 21   *IL-15* 基因氨基酸序列亲水性、表面可能性和表面抗原性分析

17.53%；延伸链占 25.32%（图 5 - 22）。

通过对棘腹蛙 *IL-15* 进行克隆和序列分析，丰富我国蛙类基因文库的构建，为后期进一步研究 *IL-15* 的生长发育调控能力以及开发棘腹蛙的白细胞介素因子复合制剂奠定基础。以棘腹蛙的 cDNA 为模板，利用 RT - PCR 方法获得了全长 830bp 可编码 154 个氨基酸的 *IL-15*，其氨基酸序列以酸性氨基酸占主导地位，其可能严格遵循自然选择规则。遗传进化分析显示，棘腹蛙 *IL-15* 与牛蛙单独聚为一支，与高山倭蛙相对近缘，进化地位相对保守。利用生物信息学软件将 *IL-15* 全基因序列特征、蛋白质的结构和遗传进化的特征进行了分析，解析了 *IL-15* 的进化特征以及功能进化历程，为后期的研究提供了理论支持。

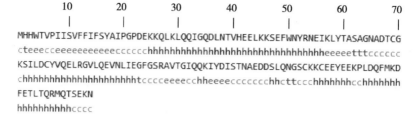

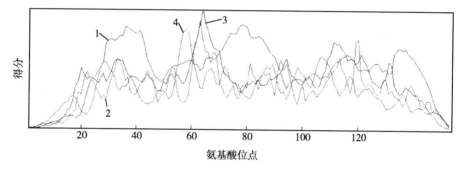

图 5-22 棘腹蛙 IL-15 蛋白质二级结构分析
1：α-螺旋 2：β-转角 3：无规则卷曲 4：延伸链

五、IL-18 基因的克隆与序列分析

白细胞介素 18（Interleukin-18，IL-18）又名干扰素-γ诱导因子（Interferon-γ-inducing Factor，IGIF），主要诱导产生 IFN-γ，是 1995 年 Okamura 等从脂多糖（LPS）诱导中毒性休克小鼠肝脏中克隆出来的一种细胞因子，其主要由活化的单核巨噬细胞或淋巴细胞产生（Okamura et al.，1998）。分析发现，IL-18 的氨基酸序列及其结构基因与 IL-1β 最为相似，因此将 IL-18 归为 IL-1 家族中的一员（Yan et al.，2015）。IL-18 生物活性的发挥需要 IL-18 受体（IL-18R），IL-18R 属于 IL-1 受体/Toll 样受体（IL-1R/TLR）家族，它是由 IL-18Rα 和 IL-18Rβ 组成的复合体。IL-18Rα 也称为 IL-1R 相关蛋白（IL-1Rrp），它和 I 型 IL-1R 高度同源，直接结合 IL-18。IL-18Rβ 不直接结合 IL-18，但它和 IL-18Rα 形成复合物后可增加 IL-18Rα 与 IL-18 的亲和力，具有信号转导作用。

IL-18 是一种具有多功能生物活性的免疫调节因子，最重要的生物学功能之一是诱导 T 细胞和 NK 细胞产生 IFN-γ，与 IL-12 协同作用时功效更强。IL-18 还可直接激活 IFN-γ 启动子，促进主要组织相容性复合体 I（MHC-I）蛋白质的表达，有望成为疫苗的一种重要免疫佐剂。IL-18 能促进 T 细胞的增殖作用，还能够增强由细胞表面死亡受体配体（Fas Ligant FasL）介导的 NK 细胞、T 细胞和单核细胞的细胞毒活性，所以在抗肿瘤、抗炎症、抗超敏反应、抗病原微生物感染及自身免疫性疾病治疗中都有着非常好的应用前景。

从棘腹蛙皮肤组织中提取 RNA，根据棘腹蛙 *IL-18* 基因克隆测序结果序列（ORF：92～658）设计一对特异性引物。

上游引物：5′-CCCAAGCTTATGTCTGAAGTATTATCAGGTGAAT-3′。

下游引物：5′-GGCGAGCTCTTATCCATTGTTATGTAAAGTAAAC-3′。

以反转录提供的 *IL-18* 基因为模板，用上述引物进行 PCR 扩增，获得编码 IL-18 蛋白的目的基因片段，取少量 PCR 产物进行琼脂糖凝胶电泳，观察结果（图 5-23）。将 PCR 产物用琼脂糖电泳分离，并切下含目的 DNA 条带的琼脂糖胶片，回收。用限制性内切酶 Hind III 和 Xho I 对 IL-18 和 pET-28a 质粒分别进行双酶切，使其得到相同的黏性末端，并对酶切的 IL-18 片段和 pET-28a 进行回收，将 IL-18 回收产物和 pET-28a 载体的连接。进一步制备大肠杆菌 BL21 感受态细胞，将阳性重组质粒转化大肠杆菌 BL21 细胞。用无菌接种环挑取琼脂平板上的单个菌落，转移至含卡那霉素（100μg/mL）的 LB 液体培养基中培养。取过夜培养的菌液离心，进行质粒的抽提。对重组质粒用 Hind III 和 Xho I 限制性内切酶进行双酶切，将阳性菌株测序。原核表达质粒 pET-28a-IL-18 双酶切产物经 1% 琼脂糖凝胶电泳检测，发现约 5 369bp 的载体条带和约 585bp 的目的条带，与预期大小相符（图 5-24）。将酶切鉴定阳性的重组质粒 pET-28a-IL-18 送往苏州金唯智生物科技有限公司基因测序，最终测序结果分析表明重组质粒中插入的 *IL-18* 基因片段与克隆测序的相应基因序列有 99% 的同源性，表明该原核重组表达质粒构建成功。

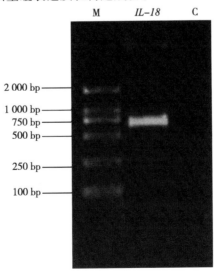

图 5-23　棘腹蛙 *IL-18* 基因 PCR 扩增 1% 琼脂糖凝胶电泳

M：DL 2 000 标准分子量　*IL-18*：*IL-18* PCR 扩增产物　C：阴性对照

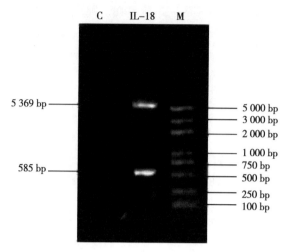

图 5-24　重组质粒 pET-28a-IL-18 的 HindⅢ、XhoⅠ的双酶切鉴定
M：DL5 000 标准分子量　IL-18：IL-18 双酶切产物　C：阴性对照

将鉴定后的阳性重组子进行测序，测序结果得到了与预期相符长为 716bp 的 *IL-18* 基因的序列，测序结果：ATTAAAGCAGCATCTCCTTATTCTCTT CCCTTTTTCTTTAGCTCAATCACTGAAATACTTCCGCCTCTGTCATTCT TGTAAGAAATTGAAAATGTCTGAAGTATTATCAGGTGAATTTGATAT TGAAGATGAATTCATCTGTTTGAAATTAATTGAGGCGGATTCCTGGA AAAATGCAAATAACCCTATCAAGTGCAATATTATTAACTACTTCAATG AATACTTGGCAGCTAGATACAAGGATCCTGATAATGTCAATGTAGTGT TTACGGATGCTGGAAATGATCCTCAAGGAAGAAAAGATGAAAAAAAC TTCTTACTTGAAAAGTACAGAACAACAGATCCATCGCAATATCTTTC TGTGGTTTTCAGTGTCTCCGTTAATGAAGAAAAATTCCACATGTGTT GCACATTAGAAAAGGAAATTACCTTTATGAAAGGACAATCTCCAAGT TCAATAAGTGGAAACACGAGTGACGTTATCTTTTTTGCAAGAACATTC AGTATGGGGCATGATGCCTACAAGTTTGAGTCATCACTACACAGGGAT CACTTTTTGGCTATCAAAGAAGAAATGGCAAACGGATACTTCACCTC AAAAAGCCTAGTGATGTGGTGGATGAAGGTGTAAAGTTTACTTTACAT AACAATGGATAATCTGTTGAATCTGACTGCATTCATGTCAACTATAAA CTGTAATGTAATCACAAACTTC。通过电脑软件 DNAStar 软件分析表明，棘腹蛙 *IL-18* 基因的开放性阅读框的位点位于片段中 92 位到 658 位，长 566bp。

用 DNAStar 软件对棘腹蛙 IL-18 蛋白质氨基酸序列进行亲水性、表面可能性和表面抗原性分析。由图 5-25 中可以看到，从 IL-18 所编码的氨基酸发现，

亲水性区域覆盖面比较广泛，其氨基酸位点的 23～32、43～54、62～87、138～175
为亲水性区域，且 IL－18 所表现的表面抗原性及其蛋白质表面的可能性皆与其
亲水性区域位点表现出一致的性质。通过 SOPMA 软件，将蛋白质序列放入，
结构分析显示，在 IL－18 成熟蛋白质的二级结构中，α－螺旋占 31.38％，β－转
角占 10.64％，无规卷曲 34.58％，延伸链占 23.40％（图 5－26）。

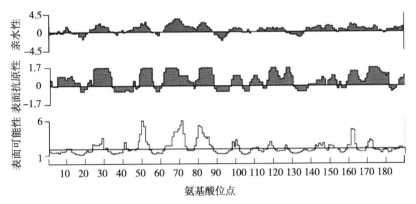

图 5－25　IL－18 蛋白质亲水性、表面可能性和表面抗原性分析

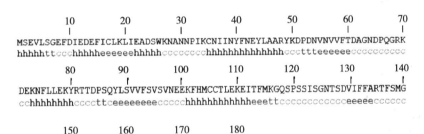

图 5－26　SOPMA 软件对 IL－18 蛋白二级结构的分析结果
1：α－螺旋　2：β－转角　3：无规卷曲　4：延伸链

目前关于棘腹蛙 *IL－18* 基因的结构和功能尚未见到报道。通过获得棘腹蛙

IL - 18 基因全序列，以及对其氨基酸序列分析。为了进一步了解棘腹蛙 IL - 18 的结构和特性，进行进化关系分析，得到与其有不同程度的同源性的物种，通过分析其蛋白质氨基酸序列亲水性、表面可能性和表面抗原性分析等，能够了解它的结构和特性，并能提供多元的研究方向，扩大了实现其相关研究的可能性，证明了其研究是有理论依据和现实意义，为后期进一步研究 IL - 18 在肿瘤及其他疾病上的诊治和预防奠定医学基础。

六、*IL - 20* 基因的克隆与序列分析

IL - 20 是白细胞介素 10 家族的成员之一，角质形成细胞和外周血单核细胞是其主要的来源细胞，其特异性受体包括 IL - 20R1 与 IL - 20R2 (Blumberg et al., 2001)。IL - 20R1 与 IL - 20R2 可以组成异二聚体型受体，IL - 20 需要与该二聚体型受体结合后才能够激活相应地信号传导通路，产生有效的生物学效用，研究发现三者可被广泛表达于角质细胞、呼吸上皮细胞及免疫相关细胞（单核细胞、成熟树突细胞及 T 淋巴细胞）等细胞中。

人 IL - 20 被发现较长时间后才在 2001 年初的 cell 杂志上被正式报道，对它的功能进行了较明确的阐述。在人角质形成细胞基因序列表达序列标签（EST）数据库中，通过对信号区双极性螺旋同源性的搜索，找到一个 EST (INC819592) 序列，同时在小鼠皮肤细胞 cDNA 库中很快克隆了与人 *IL - 20* 基因有 76% 同源性的小鼠 *IL - 20* 基因，它们均编码由 176 个氨基酸组成的成熟蛋白质。RT - PCR 实验发现 IL - 20R1 在皮肤、睾丸、心脏、胎盘、唾液腺和前列腺中高表达。脑、肺、胃、胰腺、卵巢、尿道、甲状腺和肾上腺组织中丰度表达。在脑的不同部位表达丰度也不一样，小脑中表达最高，髓质和脊索次之。IL - 20R1 在胚胎和成年组织中表达也有差异。有趣的是，在牛皮癣病人的皮肤中 IL - 20R1 的表达有增高现象。

首先，采用 Trizol 试剂提取棘腹蛙皮肤组织的总 RNA。根据棘腹蛙皮肤转录组数据，利用 Primer 5.0 软件设计 *IL - 20* 基因特异性引物，上游引物为 5′- GAGCCCACAGAGCAGAACATCCCTT - 3′，下游引物为 5′- CAGGCTCCT-TCATCGCGTCCAATCA - 3′。

采用 RT - PCR 方法扩增棘腹蛙 *IL - 20* 基因，用琼脂糖凝胶电泳检测，观察结果（图 5 - 27）。随后，用 1% 的琼脂糖凝胶电泳分离，切下含目的条带的琼脂糖凝胶片，按常规方法与 pMD18 - T 载体连接，并转化大肠杆菌 JM109 感受态细胞，进行蓝白斑筛选，用菌落 PCR 法进一步筛选阳性克隆，并进行核酸序列。

利用邻近法对 *IL - 20* 同源序列构建遗传进化树，结果显示（图 5 - 28），*IL - 20* 与猕猴单独聚为一支，与黑猩猩较为近缘，而与小鼠、爪蟾类动物亲缘关系较远。但是，与已发布的蟾类 *IL - 20* 的氨基酸序列同源性关系较近，其中，

与倭蛙亲缘。

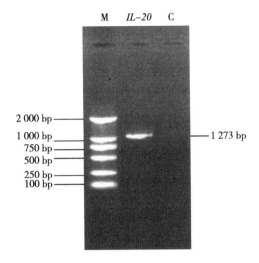

图 5-27 IL-20 电泳图谱

M：标准分子量 IL-20：阳性样品 C：阴性对照

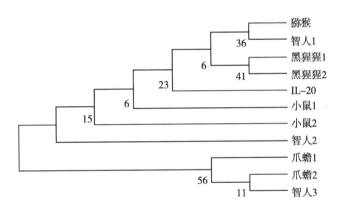

图 5-28 棘腹蛙 IL-20 同源序列的系统进化分析

系统进化树构建所用的物种及 GenBank 登录号：猕猴，IL160000.1；智人 1，AC092794.10；黑猩猩 1，AC186180.3；黑猩猩 2，AC186369.1；IL-20；小鼠 1，AC158628.7；小鼠 2，AC158665.3；智人 2，AC108709.3；爪蟾 1，XM081348572.1；爪蟾 2，XM082955878.1；智人 3，AC004167.2。分支上的数字代表置信值。

用 DNAStar 软件对棘腹蛙 IL-20 蛋白质氨基酸序列进行亲水性、表面可能性和表面抗原性分析（图 5-29），序列分析 IL-20 所编码的氨基酸发现，其氨基酸位点 25～30、98～110、135～152 为亲水性区域，且 IL-20 所表现出的蛋白质的表面可能性和表面抗原性与其亲水性区域位点表现出一致的性质。通过 SOPMA 软件对氨基酸序列进行结构分析显示，在 IL-20 蛋白质的二级结构中，α-螺旋占 62.01%，β-转角占 0.00%，无规则卷曲占 18.44%，延伸链占

11.73%（图 5 - 30）。其中，α-螺旋占大多数。

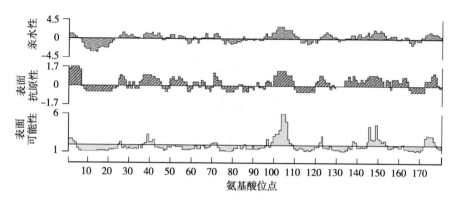

图 5 - 29　IL - 20 氨基酸序列亲水性、表面可能性和表面抗原性分析

```
         10        20        30        40        50        60        70
         |         |         |         |         |         |         |
MERPSGFVCIIVASVLLLNMLCTEATGHKCQLSADIPELKRHFEAIKGFLHDEDIITDISFIRESILNQM
cccccttceeeehhhhhhhhhhhhhhttccceehccccchhhhhhhhhhhhhhhccttteeehhhhhhhhhhhhhh
RVSEQCCFLLKLGRFYLTNVFPNIEFAQKNINDKKRNKLLHNLANALLGLKTELRHCHSTMMCPCGEQSM
hhhhhhheeeettheeeetccteeehhhcccccchhhhhhhhhhhhhhhhhhhhhhhccceeccccchhhh
RFIEEFKREFYKMETGAAARKAVGDLNVLFHWMEKKYMG
hhhhhhhhhhhhhhhhhhhhhhhhhhhhhhhhhhhttcct
```

二级结构预测(h= 螺旋, t=转角,c=卷曲,e = 延伸链)

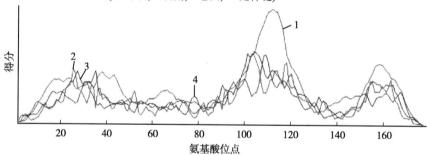

图 5 - 30　棘腹蛙 IL - 20 蛋白质二级结构分析
1：α-螺旋　2：β-转角　3：无规则卷曲　4：延伸链

第三节　棘腹蛙趋化因子分析

　　趋化因子（Chemokines）是一类引起炎症反应或白细胞转移的细胞因子。在 1977 年趋化因子的第一个成员血小板因子 PF - 4 被发现后，相继发现了多种被统称为有趋化作用的细胞因子，但直到 1992 年，才正式称之为趋化因子。近年来，趋化因子家族、趋化因子受体、趋化因子与疾病关系的研究已成为研究者

们瞩目的热点（Pontejo，2017）。趋化因子及其受体与许多病理过程如人类免疫缺陷病毒（HIV）感染、炎症、自身免疫性疾病等有密切关系。在肿瘤生长、侵袭、转移过程中发挥关键作用，同时在免疫细胞的分化、发育和免疫应答的调控中起着重要作用。趋化因子是具有保守序列的对白细胞（中性粒细胞、单核细胞和淋巴细胞）具有趋化作用的低分子量蛋白质，是细胞因子中的一个超家族。目前至少有 50 种趋化因子，其成熟分子的大小为 8～12kDa，趋化因子具有保守的半胱氨酸（Cys）结构域的特点，至少可分为 4 个亚家族，不同家族的趋化因子具有不同的结构功能特点：C-X-C 亚家族，即 α 家族，其结构特点是氨基端的两个 Cys 中间隔一个非保守氨基酸，包括 IL-8、IP-10 等，能趋化中性粒细胞，而对单核细胞无趋化活性；该类趋化因子又可根据第一个 Cys 前是否有 ELR 序列（谷氨酸-亮氨酸-精氨酸序列，Glu-Leu-Arg）基序分为 2 组：ELR-CXC 趋化因子和 non-ELR-CXC 趋化因子。C-C 亚家族，即 β 亚家族，是趋化因子中最大的家族，在人包括 20 多个成员，其结构特点是氨基端的两个 Cys 连续排列，主要趋化单核细胞和淋巴细胞，对中性粒细胞无趋化作用。C 亚家族，又称 γ 家族，目前仅有淋巴细胞趋化因子（Lymphotactin，Lptn）1 个成员，只有 2 个 Cys 残基，一般在第一个和第三个 Cys 以及第二个和第四个 Cys 之间会形成 2 个二硫键，故 Lptn 只有 1 个二硫键来维持其功能结构，Lptn 能特异性趋化淋巴细胞核 NK 细胞。CX3C 家族，即 δ 家族，其结构特点是氨基端的两个 Cys 中间隔 3 个非保守氨基酸，对 T 细胞具有趋化作用。趋化因子的细胞表达谱很广，包括单核细胞、巨噬细胞、内皮细胞、肠系膜细胞、成纤维细胞、角质细胞、淋巴细胞和树突状细胞等。

一、趋化因子 10 基因的克隆与序列分析

趋化因子 10（Interferon-inducible Protein IP-10）是 C-X-C 类 ELR 族趋化因子之一，是由干扰素诱导产生的一种蛋白质。自 1998 年 Velente 等发现第一个趋化因子单核细胞化蛋白-1（Monocyte Chemoattractant Protein-1，MCP-1）以来，趋化因子及其受体的结构、功能及在体内的作用已经成为众多学者研究的热点。趋化因子及其受体家族不仅在正常和疾病状态下对其细胞的迁移发挥着重要的作用，而且参与了细胞的生长、发育、分布等多种生理功能调节，另外在细胞成熟、血管生成等中也作用巨大。趋化因子作为一种重要的机体免疫功能调节因子，它参与了多种炎症性疾病的病理生理过程，具有控制黏着、趋化和激活白细胞的能力，因此，在抵抗多种炎症性疾病，调节自身机体的平衡和稳定上都具有非常重要的意义。但迄今为止，对 IP-10 及其受体作用的具体机制、在广泛的免疫网络中起的作用及它在具体疾病中信号转导机制和调节途径了解甚少。目前国内对于 IP-10 的研究主要集中于大量哺乳动物和家禽类，很

少有对两栖动物 IP-10 的探索研究。

　　于棘腹蛙皮肤组织提取总 RNA，利用棘腹蛙转录组结果，设计 IP-10 特异性引物，对 IP-10 进行 RT-PCR 扩增后，获得了约 530bp 的 DNA 片段。将该片段连接质粒载体并构建重组质粒后，用菌落 PCR 法筛选阳性克隆，阳性克隆的电泳结果如图 5-31 所示。将鉴定后的阳性重组子进行测序，测序结果得到了与预期相符长为 529bp 的 IP-10 基因的序列，测序结果：GAGCATCTGACATCGCTGTAAATCCATCC TACAAAATGACCAAAATACTCATTGCTCTCCTGGGCTCACTGCTCATCCTTCAGTGTGTGCAAGGGATGTCACCACTAGGGAGAATACGCTGCCACTGCATTGGACGCCTTTCCAGTTCAGTTGATATCAGGCAGATAAAGAAGCTCGAAGTGTTTCCAGAAAGTTCTAGATGTGAGAAGATGGAAGTTGTTGCTAAACTGAAGACTGGTGAGCAAAAATGTCTCAATCCTAACGCCAAAGTGGTAAAATTAATCATTGCATTGGGGAAGACTCGGTCTGAGAAAGTATCTGGAAAATAAGCAGTCAAATGCTCTGAGAATAACCAGTATATCTTCTACAACTAACAATGGCATGAACATACCAGTAATGATCATTACATATAGTGGGAGAGATGTATTAAGAAAGGCATAGACAGAATCAGGCACTTGTCTGGAGTAATCTGTCTGTGTCCTGTTTTTAAAGGAATTTGCAGTA GTTTTAATTGCCTGAAA，阴影部分为基因扩增用引物序列。

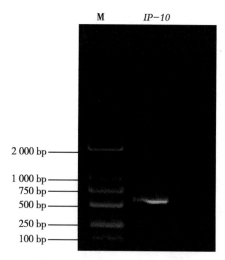

图 5-31　IP-10 基因的克隆
M：DNA 分子质量标准　IP-10：阳性样品

　　为了追踪棘腹蛙 IP-10 的分子进化历程，在 GenBank 中搜索到 10 个物种的 IP-10 核苷酸序列（包括两栖类动物 1 种、爬行类动物 4 种，哺乳类动物 5 种）和获得的棘腹蛙 IP-10 核苷酸序列进行聚类分析，用 Mega6.0 软件中的邻接法构建系统进化树（图5-32）。系统发生分析结果显示，IP-10在物种的分子进化过程中产生了两条分支，棘腹蛙IP-10核苷酸序列仅与同为一目的热带爪蟾有相对较近的进化关系，而与其他物种的亲缘关系较远。

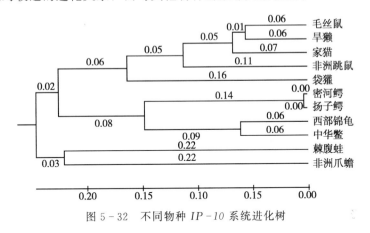

图5-32　不同物种IP-10系统进化树

将棘腹蛙基因核苷酸翻译为氨基酸系列：MTKILIALLGSLLILQCVQGM-SPLGRIRCHCIGRLSSSVDIRQIKKLEVFPESSRCEKMEVVAKLKTGEQKCLNPNAKVVKLIIALGKTRSEKVSGK。用DNAStar软件对棘腹蛙IP-10蛋白质氨基酸序列进行亲水性、表面可能性和表面抗原性分析。由图5-33中可以看到，从IP-10所编码的氨基酸发现，亲水性区域覆盖面比较少，其表面抗原位点的22~29、31~32、33~62、63~80、87~99为亲水性区域，且IP-10所表现的表面抗原性及其蛋白质表面的可能性皆与其亲水性区域位点表现出一致的性质。

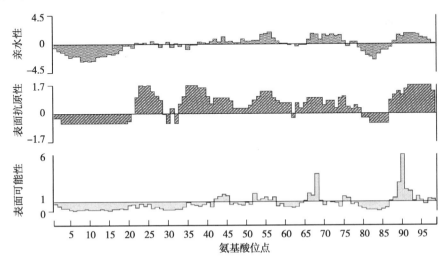

图5-33　IP-10蛋白质亲水性、表面可能性和表面抗原性分析

通过SOPMA软件，将蛋白质序列放入，进行结构分析显示，在IP-10成

熟蛋白质的二级结构中，α-螺旋占 38.14%，β-转角占 10.31%，无规卷曲占 35.05%，延伸链占 16.49%（图 5-34）。

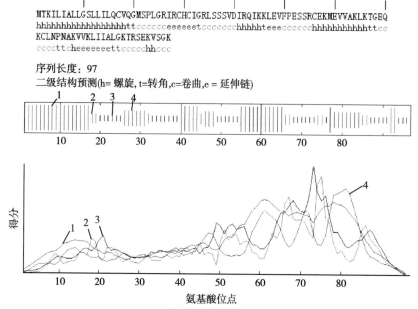

```
              10        20        30        40        50        60        70
               |         |         |         |         |         |         |
MTKILIALLGSLLILQCVQGMSPLGRIRCHCIGRLSSSVDIRQIKKLEVFPESSRCEKMEVVAKLKTGEQ
hhhhhhhhhhhhhhhhhhttcccccccccceeeeettccccccchhhhhteeeccccccchhhhhhhhhhhttcc
KCLNPNAKVVKLIIALGKTRSEKVSGK
cccccttcheeeeeeettccccchhccc
```

序列长度：97
二级结构预测(h= 螺旋，t=转角,c=卷曲,e = 延伸链)

图 5-34　SOPMA 软件对 IP-10 蛋白质二级结构的分析结果
1：α-螺旋　2：β-转角　3：无规卷曲　4：延伸链

　　目前而言，有关 IP-10 的研究多见于人类和常见的哺乳类、鸟类（主要是家禽），在两栖纲蛙类中的研究很少。然而，通过采用 RT-PCR 方法对棘腹蛙 *IP-10* 进行扩增，可将 *IP-10* 克隆到 pMD18-T 载体中，获得 *IP-10* 基因全序列并进行生物信息学分析。通过同源性分析结果可知，棘腹蛙 *IP-10* 的核苷酸序列仅与同一目的非洲爪蟾有相对较近的进化关系，而与其他物种的亲缘关系较远；通过分析 *IP-10* 所编码的氨基酸发现，亲水性区域覆盖面比较少，且 IP-10 所表现的表面抗原性及其蛋白质表面的可能性皆与其亲水性区域位点表现出一致性；通过对 IP-10 氨基酸序列的进行二级结构和三级结构的预测，发现 IP-10 的二级结构中其氨基酸序列能够形成 α-螺旋、β-转角、无规则卷曲、延伸链等二级结构，其中以 α-螺旋、无规则卷曲为主；IP-10 的三级结构能够通过催化底物形成一个多聚体。

二、趋化因子 20 基因的克隆与序列分析

　　CCL20 属 CC 亚族，分子量为 9 000Da，曾被称为巨噬细胞炎症蛋白 3α（Macrophage Inflammatory Protein 3α，MIP-3α）、肝脏活化调节趋化因子

（Liver and Activation - regulated Chemokine，LARC）和 Exodus。随后证实，这 3 个不同名称的分子其作用相同，基因均为 2 号染色体的 *SCY20* 基因。根据新的命名法则，于 2000 年始称其为 CC 亚族趋化因子配体 20（CC Chemokine Ligand 20，CCL20）。CCL20 还具有较强的广谱抗菌活性（Schutyser et al.，2000）。它是一种天然的抗菌蛋白，对球菌和革兰氏阴性杆菌有较强的抗菌活性，对真菌无明显作用。趋化因子 CCL20 是目前发现的趋化因子受体 6〔Chemokine (C - C) Receptor6，CCR6〕在体内唯一的配体，表达于肝脏组织、皮肤角质上皮细胞和肠道上皮细胞等部位（Pandey et al.，2010）。CCL20 生理条件下表达较低的基础水平，但是可经强烈的促炎信号诱发其表达升高，如细胞因子 TNFα、来源于细菌的 Toll 样受体激动剂（Persoon et al.，2010）。CCL20 可趋化 CCR6 细胞向抗原出现的组织部位定向迁移。在中枢神经中，CCL20 与 CCR6 结合后激活小胶质细胞，其可应激相关性蛋白，形成持续性神经毒性级联反应，从而进一步损害周围神经元和脑组织，进而引起一系列的神经功能损伤症状。

CCL20 在人体急、慢牙髓炎中呈动态表达，CCL20 可能参与调节牙髓炎。近年来，国内外对 CCR6/CCL20 功能及其在体内的作用进行了大量的研究，其在炎症反应、免疫性疾病、肿瘤等疾病中有很重要的作用，但在两栖动物体内的研究甚少。

IP - 20 序列来自棘腹蛙皮肤转录组数据，利用 Primer 5.0 软件设计基因特异性引物，上游引物为 5′- GACATTT-CGCCGTCGATGGACAGCA -3′，下游引物为 5′- CATCATCCCGTTGTTGA-CGTTGCCC - 3′。

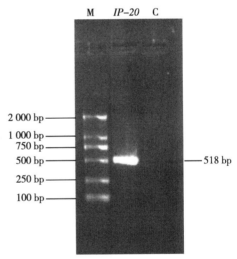

图 5 - 35　*IP - 20* 基因电泳图谱

M：标准分子量　*IP - 20*：阳性样品　C：阴性对照

采用 RT - PCR 方法扩增棘腹蛙 *IP - 20* 基因，以 1% 琼脂糖凝胶电泳检测，观察结果，表明 RT - PCR 扩增出了一长约 518bp 的片段（图 5 - 35）。从 NR 库中下载两栖类动物的 IP - 20 同源蛋白序列，采用 Clustal X1.83 软件进行多重序列比对，结果如图 5 - 36 所示，图中下划线表示棘腹蛙 IP - 20 保守功能结构域。

同时，利用邻近法对 *IP - 20* 同源序列构建遗传进化树，结果显示（图 5 - 37），*IP - 20* 与孔雀花鳉单独聚为一支，进一步说明水生青蛙的趋化因子遗传进化分化较大。

用 DNAStar 软件对棘腹蛙 IP - 20 蛋白质氨基酸序列进行亲水性、表面可能性

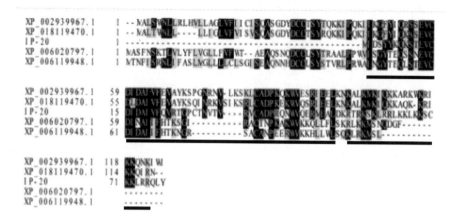

图 5-36 棘腹蛙与爪蟾 IP-20 氨基酸序列比对结果

XP_002939967.1：非洲爪蟾 IP-20　XP_018119470.1：热带爪蟾 IP-20　XP_006020797.1：扬子鳄　XP_006119948.1：中华鳖

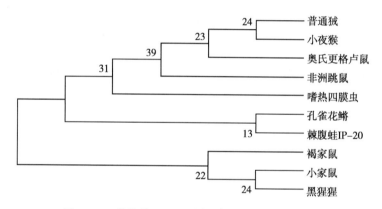

图 5-37 棘腹蛙 IP-20 同源序列的系统进化分析

系统进化树构建所用的物种及 GenBank 登录号：普通狨，XM017978456.1；小夜猴，XM012456806.1；奥氏更格卢鼠，XM013035606.1；非洲跳鼠，XM012950142.1；嗜热四膜虫，XM001015397.3；孔雀花鳉，XM017308491.1；褐家鼠，AC114842.6；小家鼠，XR866157.2；黑猩猩绒，XM511407.6。分支上的数字代表置信值。

和表面抗原性分析（图 5-38），序列分析 IP-20 所编码的氨基酸发现，其氨基酸位点 4~11、39~78 为亲水性区域，且 IP-20 所表现出的蛋白质的表面可能性和表面抗原性与其亲水性区域位点表现出一致的性质。通过 SOPMA 软件对氨基酸序列进行结构分析显示，在 IP-20 蛋白质的二级结构中，α-螺旋占 58.97%，β-转角占 2.56%，无规则卷曲占 21.79%，延伸链占 16.67%（图 5-39），其中，α-螺旋占大多数。

遗传进化分析进一步说明，IP-20 与孔雀花鳉单独聚为一支，进化地位相

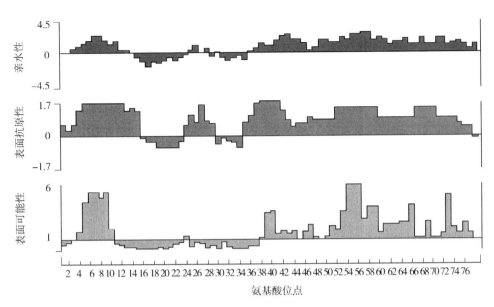

图 5-38　IP-20 基因氨基酸序列亲水性、表面可能性和表面抗原性分析

MIDSYYKQKSTEVCDIDAIVFQVRTGPCTNVTVRVCADPRQNWVQERMEALDKRTRKSKLRRLKKLKKSC
hhhhhhcccccccccchheeeeeeeccccccceeeeeeeccctthhhhhhhhhhhhhhhhhhhhhhhhhhhhh
KKLRRQLY
hhhhhhhh

二级结构预测(h= 螺旋, t=转角,c=卷曲,e =延伸链)

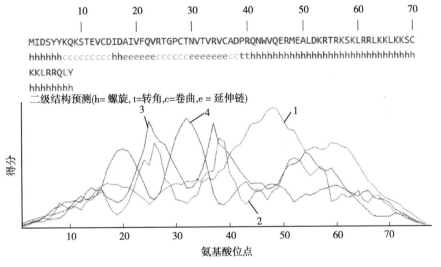

图 5-39　棘腹蛙 IP-20 蛋白质二级结构分析

1：α-螺旋　2：β-转角　3：无规则卷曲　4：延伸链

对保守。而蛋白质结构预测显示，IP-20 与人的趋化因子相似度为 39%，其细胞表面受体结合能力相对保守。综上所述，IP-20 的结构和功能相对保守，N—和 C—端序列存在分化，中间结构有一定的分化。到目前为止，有关棘腹蛙乃至两栖动物的趋化因子的研究仍处于初级阶段，因此，深入挖掘棘腹蛙的趋化因子

的生物学功能，将对了解该类细胞因子是如何参与炎症、免疫性疾病、肿瘤等疾病中的反应，以及生产趋化因子生物制剂奠定前期基础。

第四节　棘腹蛙其他重要细胞因子分析

一、干扰素基因的克隆与序列分析

干扰素（IFN）是一组具有多种功能的高活性的蛋白质（主要是糖蛋白），在一定干扰素诱导剂的作用下，由特定细胞的基因控制所产生的一类细胞因子（Mesev et al.，2019）。干扰素具有抗病毒、抗肿瘤和免疫调节功能，是首个成功应用于临床治疗的基因工程产品。IFN 由多种细胞分泌而成，包括淋巴细胞（T 细胞和 B 细胞）、巨噬细胞、成纤维细胞、血管上皮细胞和成骨细胞。通过对 *IFN* 基因的序列分析研究，表明它是生物体内一类相当古老的细胞因子，早在 5 亿～10 亿年前就已经存在于生命细胞的基因序列中。但真正发现干扰素并最终命名归功于英国的病毒生物学家 Isaacs 和瑞士研究人员 Lindenmann。他们在 1957 年通过利用鸡胚绒毛尿囊膜研究流感病毒的干扰现象时发现，被病毒感染的细胞能产生一种细胞因子，这种因子可以作用于其他细胞，干扰病毒的复制，故将其命名为干扰素。

根据干扰素基因组成、蛋白结构以及抗原活性的差异，可将其分为 Ⅰ、Ⅱ、Ⅲ 型；其中，Ⅰ 型干扰素包含先天免疫细胞分泌的 IFN - α、IFN - β 和 IFN - ω 3 个亚型，能够识别位于同一类细胞膜的受体（O.，2000），这 3 个亚型之中的 IFN - α 主要是由白细胞经诱生后分泌的一种相对分子质量约为 20kDa 的糖蛋白，在免疫调节中，能够增强 NK 细胞、巨噬细胞和 T 淋巴细胞的活力，起到增强抗病能力的作用，同时也具有光谱的抗病毒活性和显著的抗细胞增殖的作用；Ⅱ 型干扰素仅有 IFN - γ，可辅助 T 细胞释放白细胞介素，一旦表达异常可导致自身免疫性疾病；Ⅲ 型干扰素信号转导机制与 Ⅰ 型干扰素类似，其能够调节 NK 细胞发挥最佳活性（Dumoutier et al.，2004）。

干扰素作为广谱的免疫调节、抗病毒和诱导分化作用因子，在生物界中非常普遍。近年来，有关干扰素这种细胞因子的研究一直是细胞学、病毒学、分子生物学、免疫学、肿瘤学和临床医学等相关领域的研究热点。国际上最先克隆的干扰素是 1979 年由日本的 Tanighi 等人克隆出来的 IFN - β。随着基因工程的进一步发展和完善，国内外学者已成功克隆出许多动物的干扰素，诸如牛、马、犬、猪、羊、鸡、鹅等，并进行大量的研究和临床实验。1981 年，Vanden - broeck K 等首次克隆了猪的 IFN - γ；1994 年，Sekellick 等首先克隆出鸡的 Ⅰ 型干扰素。我国学者陈炬等于 1900 年首次把人 *IFN - α* 基因在烟草植株中成功表达出来，随后，人 *IFN -β* 基因也在烟草植株中成功表达。夏春等克隆和测序了猪的

$IFN-\beta$ 基因；杨琪、夏春、张海峰等先后实现了经克隆重组的犬 $IFN-\gamma$ 在鼠骨髓瘤细胞和大肠杆菌中的表达。此外，夏春、程坚、刘胜旺、吕英姿、吴志光等也先后成功实现不同品种的鸡 IFN 的克隆和序列分析，还成功地进行表达活性测定。这些研究成果在家禽传染病方面以及兽医临床医学领域都得到了广泛的应用，为预防和治疗一些传染性、病毒性的疾病奠定了基础。不过纵观国内外研究，有关 IFN-Ⅰ 的研究主要见于人类和常见的哺乳类、鸟类（主要是家禽），在两栖纲蛙类中的研究尚处于起步阶段，在棘腹蛙Ⅰ型干扰素的研究中未见报道。但 IFN-Ⅰ 作为一种重要的机体免疫调节因子，在棘腹蛙免疫应答的过程中同样具有重要意义。

因此，于棘腹蛙皮肤中提取 RNA，根据 $IFN-Ⅰ$ 序列设计特异性引物，上游引物为 $5'-CCGGAATTCCAACTTGCAAATGGCTCCACCGAA-3'$，下游引物为 $3'-GGCGAGCTCTTAGTCATGTGACTTCTGTTTTCTC-5'$。采用 PCR 法进行 $IFN-Ⅰ$ 基因扩增，并于琼脂糖凝胶中进行电泳，观察结果，检测目的片段的大小是否正确（图 5-40）。PCR 产物经过回收、纯化、双酶切，连接到 pET-28a（＋）载体上，形成重组质粒，对挑选出的阳性产物进行扩大培养，提取重组质粒 pET-28a（＋）-IFN-Ⅰ之后，利用限制性内切酶 EocRⅠ和 XhoⅠ对重组质粒酶切后，将产物进行 1.0% 琼脂糖凝胶电泳，结果如图 5-41 所示，大小与预期相符合。最终经测序鉴定发现没有移码、突变，为阳性克隆。结果表明，原核表达载体 pET-28a（＋）-IFN-Ⅰ构建成功。

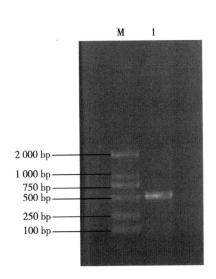

图 5-40　$IFN-Ⅰ$ 基因的 PCR 扩增电泳图谱

M：2 000 DNA 标准分子量　1：阳性产物

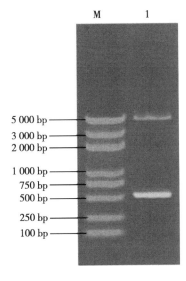

图 5-41　重组质粒 pET-28a（＋）-IFN-Ⅰ双酶切产物鉴定电泳图谱

M：5 000 DNA 标准分子量　1：酶切产物

重组菌 pET-28a（＋）-IFN-Ⅰ诱导后，SDS-PAGE 电泳结果显示，重组蛋白质的分子质量约为 40kDa（图 5-42），与预期结果相同。重组菌体 pET-28a（＋）-IFN-Ⅰ超声裂解后，SDS-PAGE 电泳结果显示，目的蛋白质主要在沉淀中，表明此蛋白质主要以包涵体形式存在。

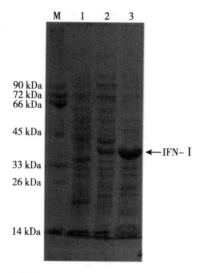

图 5-42　棘腹蛙 IFN 重组蛋白质表达的 SDS-PAGE 分析
M：蛋白质标准分子量　1：未诱导　2：诱导上清　3：诱导沉淀

二、肿瘤坏死因子基因的克隆与序列分析

肿瘤坏死因子（TNF）是由巨噬细胞产生的仅对肿瘤细胞具有杀伤作用而对正常细胞无细胞毒作用，且具有广泛生物学活性的细胞因子。1975 年，Carswell 发现被细菌感染后的小鼠血清中有一种蛋白类物质可致肿瘤出血，并能抑制、杀伤体外培养的肿瘤细胞，被命名为肿瘤坏死因子，又叫恶病质因子（吕志敢等，2006）。该基因由 TNFA 和 TNFB 组成，分别编码 TNF-α 和 TNF-β，其中 TNF-α 是一种单核因子，主要由单核细胞、巨噬细胞、T 细胞、NK 细胞等免疫细胞产生，且受体分布广泛，是迄今发现的抗肿瘤活性最强的细胞因子，因其能特异性的引起肿瘤组织死亡，对体内外多种肿瘤细胞具有明显的细胞毒作用和抑制肿瘤细胞生长的作用，作为一种潜在的抗肿瘤药物其开发前景引起国内外的广泛关注（Shoji et al.，2001）。随着对 TNF-α 生物活性研究的深入，TNF-α 越来越被看作是一种调节脂肪组织中脂类新陈代谢和肌肉组织中蛋白质分解代谢，以及在一些疾病中如癌症、获得性免疫缺陷综合征（AIDS）和胰岛素相关的肥胖症中起调节作用的关键因子。TNF-α 与各种疾病的关系越来越紧

密，在许多疾病及抗病育种的研究中都将其作为检测的重要指标。$TNF-\alpha$ 基因的克隆和表达在哺乳动物和鱼类，尤其是人医方面研究较多，对其理化特性、生物学活性及与疾病发生发展的相关性等方面均得到了广泛而深入的研究。在临床上，已用 $TNF-\alpha$ 治疗一些疾病，并收到了一定的疗效，但在两栖纲蛙类中的研究很少。

为验证棘腹蛙中 $TNF-\alpha$ 的序列及蛋白质情况，利用棘腹蛙皮肤提取 RNA，采用 RT-PCR 对该基因进行扩增，PCR 产物经 1%琼脂糖凝胶电泳，可见约 693bp 的条带，与预期大小相符（图 5-43）。进一步构建原核表达质粒 pET-28a（＋）-TNF-α，并将双酶切产物经 1%琼脂糖凝胶电泳检测，发现约 5 369bp 的载体条带和约 693bp 的目的条带，与预期大小相符（图 5-44）。将酶切鉴定阳性的重组质粒 pET-28a（＋）-TNF-α 送往苏州金唯智生物科技有限公司基因测序，最终测序结果分析表明重组质粒中插入的 $TNF-\alpha$ 基因片段与 Gene Bank 发布的相应基因序列有 99%的同源性，表明该原核重组表达质粒构建成功。为以后 pET-28a（＋）-TNF-α 质粒的表达条件优化以及表达产物的生物学活性测定奠定了基础，也为棘腹蛙 TNF-α 的临床应用提供了参考。

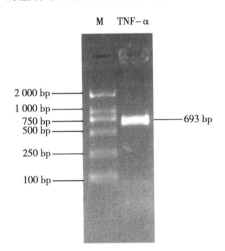

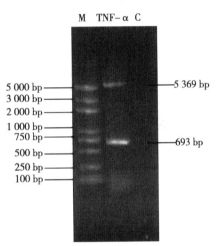

图 5-43　琼脂糖凝胶电泳检测　　　　　图 5-44　质粒 pET-28a（＋）-

$TNF-\alpha$ 基因扩增结果　　　　　　　　　TNF-α 的双酶切鉴定

M：标准分子量　TNF-α：阳性样品　　　M：标准分子量　TNF-α：阳性样品　C：阴性对照

第六章

棘腹蛙皮肤抗菌肽筛选与分析

第一节　棘腹蛙抗菌肽概述

　　抗菌肽是广泛分布于自然界生物中的一类多肽物质，存在于从细菌到人类的几乎所有有机体中，具广谱抗菌活性、无毒副作用（仅少数种类具有溶血活性）、难以产生耐药性、无残留与无污染等优点，并作为生物机体的第一道防线抵抗病原体的侵害。抗菌肽的发现并不久远，20 世纪 70 年代，瑞典科学家 H. G. Boman 等在果蝇体内发现了具有抗微生物活性并能发挥免疫功能的物质；20 世纪 80 年代，Boman 等科研工作者在惜古比天蚕蛹体内首次提取到人类历史上具有真正意义的抗菌多肽——天蚕素（Cecropins）（王雅丽，2015）。迄今为止，已从植物、微生物、软体动物、昆虫、鱼类、两栖动物、鸟类、哺乳动物等多种生物体内分离得到超过 2 000 种抗菌肽，其中带正电荷的居多，并且氨基酸序列多种多样。

　　抗菌肽是由生物体特定的基因编码，不同生物拥有的抗菌肽种类不完全相同。大多数抗菌肽具有 α-螺旋或者 β-折叠结构，有些同时包含这两种结构。其一级结构和蛋白质的一级结构大致相同，N 端主要为亲水性氨基酸残基，如碱性氨基酸赖氨酸、精氨酸；C 端多为疏水性氨基酸残基，如酰胺化的丙氨酸、甘氨酸。由于抗菌肽同时具有脂溶性（疏水性）和亲水性，这种两亲性的独特结构和特性，是其抗菌活性的关键因素之一（肖冰等，2012）。研究发现，不同种类的抗菌肽生物功能差异较大，比如有些抗菌肽通过脂膜渗透性的崩溃杀死细菌；有些抗菌肽通过抑制靶细胞壁组分的合成，从而杀死靶细胞；有些抗菌肽还可以通过抑制细胞呼吸或者抑制细胞外膜蛋白的合成来杀死细菌。并且有些抗菌肽被发现具有抑制引起机体损伤的酶的作用，从而在抗菌的同时避免病原菌引起的机体损伤（宋宏霞等，2006）。抗菌肽不仅自身具有良好的抗菌活性，而且不同抗菌肽之间或抗菌肽与传统抗生素之间具有协同作用，两者联用可提高抗菌肽和传统抗生素的药物疗效，甚至可能拓宽传统抗生素的抗菌谱。

　　抗菌肽是先天性免疫系统的重要成员。体外测试和动物实验都表明，抗菌肽对革兰氏阳性菌和革兰氏阴性菌均具有广泛的抑制活性。抗菌肽除了广谱的抗细菌能力外，还具有抗真菌、抗寄生虫等多种功能，而且绝大多数抗菌肽对哺乳动物细胞无毒性作用。目前的研究证明，虽然各种抗菌肽对靶向病原的作用过程各不相同，但是它们发挥功能的主要方式是通过插入脂质层快速破坏和瓦解细胞膜，破坏质子运输动力，导致细胞内活性物质的泄漏，从而引起对抗生素敏感的、有抗药性的细菌死亡。抗菌肽不仅能非特异性的抗细菌、抗真菌、抗病毒、抗寄生虫等病原体，而且对肿瘤细胞、多重耐药菌也具有明显的杀伤作用（裴志花等，2014），并且对不同的离子强度和 pH 都有较强的抗性以及较强的热稳定性，部分抗菌肽还能在一定程度上抵抗胰蛋白酶和胃蛋白酶的水解作用。

两栖动物的皮肤作为其重要的保护屏障，其的分泌液含大量的杀菌和防御天敌的生物胺及抗菌肽类物质，是生物胺和抗菌肽的巨大储存库。目前已鉴定的两栖动物来源抗菌肽约有 600 种，它们一般由 10～46 个氨基酸组成，且对革兰氏阳性菌、革兰氏阴性菌、真菌、原生动物和病毒均有不同程度的抑制作用，但不同抗菌肽的抗菌活性存在较大差异，抗菌谱也明显不同（黎观红等，2011）。两栖类抗菌肽多属于线性螺旋肽，大部分为阳离子肽且包含带正电荷的氨基酸残基和疏水基团（宋宏霞等，2006）。它们在结构上主要存在 3 种类型：线性 α-螺旋多肽、只含有 10～13 个氨基酸残基长度的多肽、环性肽。自 Anastasi 等首次从欧洲铃蟾分离出铃蟾肽以来，科研工作者们已经成功分离出产婆蟾肽、细趾蛙肽、雨蛙肽、爪蛙肽等 100 多种抗菌肽。

第二节 棘腹蛙皮肤抗菌肽 Cathelicidin - Pb

Cathelicidins 是一类多功能的抗菌肽。到目前为止，在哺乳动物、鸟类、爬行动物、两栖动物，以及鱼类中均发现 Cathelicidins 的存在（Feng et al.，2011）。自首次从牛中性粒白细胞中发现 Bac5 后，越来越多的 Cathelicidins 得以鉴定。Cathelicidins 通常以前体的形式合成，包括 N 端的大约 30 个氨基酸残基的信号肽，保守的 cathelin 结构域及可变的 C 端成熟肽，3 个部分组成（Zanetti，et al.，2000）。Cathelicidins 前体到达作用部位后，在水解酶的作用下迅速释放 cathelin 结构域和成熟肽，发挥抗菌、免疫调节的作用。其中，cathelin 结构域的相对相对分子质量约为 11 000Da，C 末端通常含有 4 个高度保守的半胱氨酸残基（Cys），可以形成 2 个分子内二硫键（C85—C96 和 C107—C124），对于稳定 Cathelicidins 的分子结构具有重要作用（Maier et al.，2008）。另外，该区域通常富含酸性氨基酸，有助于 Cathelicidins 前体肽的运输和储存（He et al.，2012）。虽然不同物种来源的 Cathelicidins 序列存在差异，但 Cys 的数量和位置是高度保守的，这为鉴定新物种来源的 Cathelicidins 提供了依据。

大量的抗菌肽活性研究显示，Cathelicidins 是一种高效广谱的抗菌类药物，甚至对临床上分离的高耐药性细菌也具有良好的抑制效果，因此被视为理想的设计新型抗生素的模板。本研究在棘腹蛙皮肤转录组数据挖掘的基础上，进一步对棘腹蛙 Cathelicidin - Pb 抗菌肽进行分析。通过 RT - PCR 获得编码序列，然后研究其在不同的生长环境下及不同组织的表达量，旨在为棘腹蛙疾病控制以及 Cathelicidin – Pb 的规模应用奠定基础。

一、Cathelicidin – Pb 的筛选与制备

（一）不同温度对棘腹蛙生长速率的影响

1. 动物材料

棘腹蛙（酉阳）生长在实验室的流水养殖系统中，挑选健康的蛙，采用双毁髓法处死后取其各部分组织，立即放入液氮中保存。

2. 棘腹蛙生长速率测定

挑选体重约为 30g 的棘腹蛙幼蛙 90 只，分为 6 组，每组 15 只，分别养殖于 15、18、21、24、27、30℃ 的控温控光培养箱中，每天 7：00、12：00 和 15：00 分 3 次投放饵料，饵料为黄粉虫。从养殖之日起，每隔 29d 取样 1 次，记录棘腹蛙的体重，测量完毕后立即放回培养箱中让其继续生长，直至 90d。实验完毕后放回流水系统中养殖。

3. 温度对生长速率的影响

棘腹蛙在不同的温度环境下的生长速率具有明显的差异。如图 6 – 1 所示，环境温度为 21℃时生长速率最快，约为 0.5g/d，其次为 18℃和 24℃时，其生长速率分别为 0.33g/d 和 0.2g/d。但是当温度超过 27℃后，棘腹蛙的生长趋于停滞并甚至负增长，如在 30℃时，棘腹蛙的进食量明显减少，体重呈现减轻的趋势，并开始死亡，到 90d 结束时，30℃组的棘腹蛙的死亡率超过 50%，仅剩 7 只。对死亡的棘腹蛙解剖观察，发现其死亡原因主要为细菌或者真菌的感染而引起的胃肠出血。

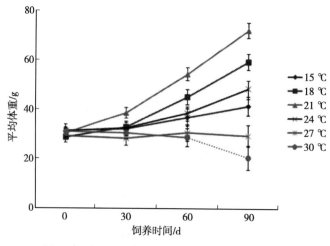

图 6 – 1　不同饲养温度对棘腹蛙生长速率的影响

（二）棘腹蛙 Cathelicidin‐Pb 的克隆

1. 总 RNA 提取

总 RNA 的提取根据 Trizol 试剂盒（Invitrogen，美国）说明书进行。取 50mg 棘腹蛙组织，液氮速冻后于预冷的研钵中迅速研磨至粉末，转移至 1.5mL 的离心管中。加入 1mL Trizol 试剂于室温静置 5min，再加入 200μL 氯仿，涡旋混匀后室温放置 3~5min。待其分层后，在 4℃、12 000×g 条件下离心 15min，收集水相。加入等体积预冷的异丙醇，室温放置 15min 后，在 4℃、12 000×g 条件下离心 10min 并收集沉淀。75％的乙醇洗涤沉淀，室温晾干，向沉淀中加入 30~50μL ddH₂O 溶解 RNA。RNA 的完整性通过 1％琼脂糖凝胶电泳检测，RNA 浓度用紫外分光光度计（Amersham，美国）测定。

2. 第一链 cDNA 的合成

cDNA 合成根据 Roche 第一链 cDNA 合成试剂盒（Transcriptor First Strand cDNA Synthesis Kit，Roche，德国）说明书进行。在 0.5mL 无 RNA 酶离心管（RNase free EP）中加入 3μL 总 RNA（total RNA），1μL 寡核苷酸引物［Oligo (dT) Primer］（50μM），9μL 无 RNA 酶水（RNase free ddH₂O）。将混合物 65℃孵育 10min，迅速在冰上冷却 2min，短暂离心，然后加入 4μL 5×第一链缓冲液（First‐strand Buffer），0.5μL RNA 酶抑制剂（RNase Inhibitor）（40 U/μL），2μL 脱氧核糖核苷酸混合物（Deoxynucleotide Mix）（5×10mM），0.5μL 逆转录酶（Transcriptor Reverse Transcriptase）（20U/μL）。将混合物颠倒混匀，25℃孵育 10min，随后 50℃孵育 60min，85℃孵育 5min，终止反应。所得第一链 cDNA 产物可稀释后或直接用于 PCR 反应。

3. Cathelicidin‐Pb 的克隆

从 GenBank 数据库（http：//www.ncbi.nlm.nih.gov/genbank）中下载已公布的 Cathelicidins 氨基酸序列，利用 DNASTAR 软件分析序列的保守区域，然后以保守区域序列搜索本实验室构建的棘腹蛙转录组数据库，从而找出编码棘腹蛙 Cathelicidin‐Pb 的转录本，根据该转录本设计特异性引物。本研究中使用的引物：上游引物为 ATGAAGGTCTGGCAGTGT；下游引物为 TTAAGAGT-TGCTGCTGTCT。PCR 扩增采用 25μL 体系。在 0.2mL 的离心管中按下列组分配成 PCR 反应体系：2.5μL 10 × PCR 缓冲液、1.5μL Mg²⁺（25mM）、2.5μL 脱氧核苷三磷酸混合物（dNTP mixture）（2mM）、0.5μL 上游引物（Primer PbF）（10μM）、0.5μL 下游引物（Primer PbR）（10μM）、0.5μL KOD‐Plus‐Neo（1 U/μL）（TOYOBO，日本）、1μL 逆转录产物、16μL ddH₂O，混匀后瞬离。PCR 反应条件为：94℃预变性 2min；98℃ 10s，52℃ 30s，68℃ 1min，30 个循环；68℃后延伸 1min。PCR 产物经 1％琼脂糖凝胶电泳检测后用 DNA 凝胶回收试剂盒（AXYGEN，美国）回收。

为了解抗菌肽在两栖动物抗感染、尤其在较高温度下抵抗微生物侵扰的作用，在 Trinity 组装的转录组数据库基础上，从 GenBank 数据库中下载所有已公布的 Cathelicidin 序列，利用 DNASTAR 软件分析找出保守序列，以保守序列 MKVWQCVLWISA 搜索棘腹蛙转录组数据库，发现 6 条编码 Cathelicidin - Pb 的 contig 转录本，分别为 contig_48012、contig_48747、contig_36913、contig_30077、contig_37137 和 contig_30056。这 6 条 contig 转录本均包含完整的 Cathelicidin - Pb 编码序列以及 54bp 的 5′- UTR，其长度差异主要来自 3′-UTR，长度分别为 117、104、391、647、383、648bp。

为进一步验证这些转录本的准确性，利用 RT - PCR 从棘腹蛙皮肤组织中克隆了 Cathelicidin - Pb 前体的完整 ORF 序列。Cathelicidin - Pb 前体序列的分析结果显示，其完整 ORF 长度为 441bp（图 6 - 2），编码 146 个氨基酸残基，相对分子质量（Mr）为 16.4×10^3 Da，等电点为 10.95。

Cathelicidins 是动物体内一类重要的抗菌肽家族，是脊椎动物先天免疫的关键因子之一，在动物的生命过程中发挥重要的抵御病原体入侵的作用，同时也是连接先天免疫和特异性免疫的纽带。到目前为止，自然界中几乎所有的脊椎动物，包括哺乳类、鸟类、爬行类和鱼类中都发现了 Cathelicidins 家族的存在（Hao et al.，2012）。Cathelicidins 前体通常包含一段 N 端约 20 个或 30 个氨基酸残基的信号肽区域，中间一段约 94~114 个氨基酸残基的保守的区域（cathelin 结构域）及 C 末端约

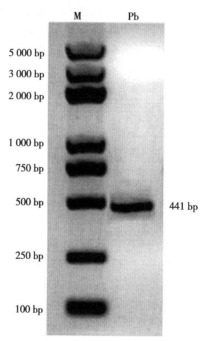

图 6 - 2　Cathelicidin - Pb 的 PCR 扩增
M：BM 5 000 标准分子量
Pb：Cathelicidin - Pb

12~100 个氨基酸残基的特异性成熟肽构成。C 末端的成熟肽经相关蛋白酶在特异性酶切位点处水解释放出来，进而发挥其所具有的抗菌活性功能。

（三）棘腹蛙 Cathelicidin - Pb 的进化

利用 SignalP 4.1 服务器（http：//www.cbs.dtu.dk/services/SignalP/）预测 Cathelicidin - Pb 的信号肽序列。用 DNASTAR 软件进行序列同源比对、蛋白质等电点、相对分子质量及其同源性分析；在 GenBank 中搜索其他物种的 Cathelicidins 氨基酸序列，用 MEGA4.0 软件绘制系统进化树。

GenBank 中搜索到 14 个物种的 Cathelicidin - Pb 氨基酸序列（哺乳动物

4 种，鸟类 4 种、爬行动物 3 种，两栖动物 3 种），用 MEGA 5.0 软件的邻接法构建了棘腹蛙与其他物种的 Cathelicidin - Pb 氨基酸序列之间的进化关系。从图 6 - 3 中可以看到，棘腹蛙的 Cathelicidin - Pb 氨基酸序列与隶属于蛙科的云南倭蛙和美国牛蛙聚为一簇，而与爬行类、哺乳类以及鸟类形成不同的分支，与这些物种的进化的顺序相吻合，这为 Cathelicidin 基因家族的起源以及结构多样性和功能分化的进化机制研究，提供了非常有效的补充证据。

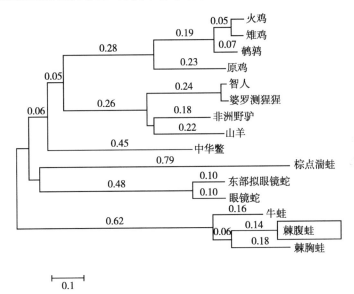

图 6 - 3 Cathelicidin - Pb 的系统进化树分析

对比已公布的多种 Cathelicidins 氨基酸序列，结果显示 cathelin 区域在不同物种中高度保守，说明 Cathelicidins 可能来源于同一祖先基因，但是由于进化过程中的存在突变，从而使不同物种体内 Cathelicidins 成熟肽的序列和活性出现了差异（广慧娟等，2012）。

(四) 棘腹蛙 Cathelicidin - Pb 的结构

为进一步了解棘腹蛙 Cathelicidin - Pb 前体的分泌形式，将 Cathelicidin - Pb 前体的氨基酸序列提交到 SignalP 4.1 服务器（http：//www.cbs.dtu.dk/services/SignalP/）进行信号肽预测，结果显示 Cathelicidin - Pb 前体的 N 端含有一段 20 个氨基酸残基的信号肽序列，序列为 MKVWQCVLWISALTLQAARS，是一种分泌性多肽（图 6 - 4A）。通过对比已知的其他物种 Cathelicidin 序列以及查找结构域，确定 Cathelicidin - Pb 前体由 N 端 20 个氨基酸残基的信号肽、101 个氨基酸残基的中间间隔区（cathelin 结构域）和 25 个氨基酸残基的成熟抗菌肽 3 个部分组成（图 6 - 4B）。

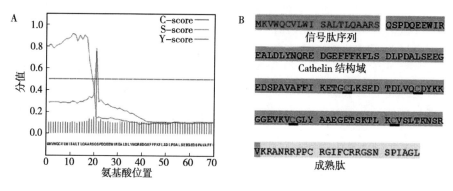

图 6-4 Cathelicidin-Pb 前体的结构分析

A：Cathelicidin-Pb 前体信号肽预测　B：Cathelicidin-Pb 前体的序列组成

▇▇▇▇：cathelin 结构域中的 4 个保守半胱氨酸残基

棘腹蛙源 Cathelicidin-Pb 前体为 441bp，编码 146 个氨基酸残基，其中包括 20 个氨基酸残基的信号肽、101 个氨基酸残基的中间间隔区（cathelin 结构域）和 25 个氨基酸残基的成熟抗菌肽，说明棘腹蛙来源的 Cathelicidin-Pb 为 Cathelicidins 中的一个新成员。

（五）棘腹蛙 Cathelicidin-Pb 的差异表达

1. 数字表达谱分析

挑选在 15、21、27、30℃ 的培养箱中生长 60d 的棘腹蛙（各 3 只），提取其皮肤组织总 RNA，根据 llumina 公司的流程构建 4 个 RNA-Seq 数据库，以 Bowtie 2.0 软件将每个 RNA-Seq 数据库中的 Reads 与 Cathelicidin-Pb 映射，比对上的 Reads 数目可粗略反映不同处理样品的表达水平。采用 FPKM（Reads Per Kilobase of exon model per Million mapped reads）算法对 Reads 数目进行标准化处理，得到 Cathelicidin-Pb 在 15、21、27、30℃ 4 个处理样品中的表达丰度。

2. 半定量 RT-PCR

根据 Cathelicidin-Pb 及 GAPDH 的序列，设计特异性引物，分别以在 15、21、27、30℃ 环境下生长的棘腹蛙的皮肤组织，以及 21℃ 环境下生长的棘腹蛙皮肤、肌肉和血液组织的 cDNA 为模版，利用 RT-PCR 分别扩增 Cathelicidin-Pb 和 GAPDH 的基因片段进行半定量分析。扩增引物：Cathelicidin-Pb 上游引物为 5'-CAGTCTCCGGATCAGGA-3'，下游引物为 5'-TTAAGAGTTGCT-GCTGTCT-3'；GAPDH 上游引物为 5'-ACCACAGTCCATGCCATCA C-3'，下游引物为 5'-TCCACCACCCTGTTGCTGTA-3'。

不同处理样品的 cDNA 浓度先以 GAPDH 基因的表达量为标准调成一致，再以其作为模板扩增 Cathelicidin - Pb 基因。寻找待扩增样品的 PCR 指数曲线的线性期，然后以线性期所对应的循环数进行 PCR 扩增。扩增 Cathelicidin - Pb 退火温度为 52℃，30 个循环数；扩增 *GAPDH* 退火温度为 57℃，26 个循环数。扩增后各取 4μL 琼脂糖凝胶电泳拍照，再用 Bio - Rad Quantity One 软件（BIO - RAD，美国）进行光密度分析。

3. Cathelicidin - Pb 的差异表达

不同温度棘腹蛙生长结果显示，棘腹蛙的最适生长温度是 21℃，当温度超过 27℃后，棘腹蛙的生长明显受到抑制且容易感染多种细菌性疾病，如水霉病等。为了解棘腹蛙 Cathelicidin - Pb 的表达与棘腹蛙生长、抗病之间的关系，利用数字表达谱和半定量 RT - PCR 分析了 15、21、27、30℃ 环境下 Cathelicidin - Pb 的表达量。结果显示，Cathelicidin - Pb 的表达与温度之间存在显著的相关性（图 6 - 5）。当生长温度为 27℃时，Cathelicidin - Pb 的表达量最高，而在其他温度下的表达量都相对较低。

此外，利用半定量 RT - PCR 的方法分布检测了 Cathelicidin - Pb 在皮肤、肌肉及血液组织中的表达量，结果显示，Cathelicidin - Pb 主要分布在皮肤组织而在肌肉和血液组织中的表达量较低（图 6 - 5B）。

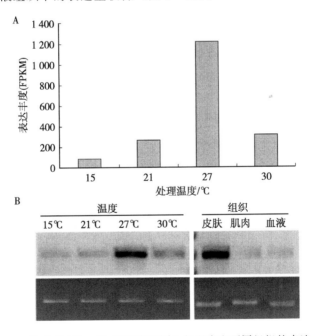

图 6 - 5 Cathelicidin - Pb 基因在不同生长温度和不同组织的表达差异

A：基于 RNA - seq 的 Cathelicidin - Pb 表达量分析。FPKM 为每 100 万个 map 上的 Reads 中 map 到 1 000 个碱基上的读长个数 B：基于半定量 RT - PCR 的 Cathelicidin - Pb 表达量分析

研究表明，抗菌肽除有组成型表达外，还有大量的抗菌肽可以通过外界刺激

或是病原微生物感染而诱导产生（Zanetti et al.，2000）。例如，在杂交斑纹鲈（*Morone chrysops* ×*M. saxatilis*）和真鲷的研究中发现铁调素（hepcidin）抗菌肽基因在细菌感染后表达量显著增加。结合在棘腹蛙养殖过程中，当温度逐渐升高时，棘腹蛙皮肤组织 Cathelicidin‐Pb 的表达也随之增加（图 6‐5），推测 Cathelicidin‐Pb 的表达可能受温度调控。因棘腹蛙生长在潮湿、富含有机质的环境中，当生长温度逐渐提高时，环境中微生物的数量也必然会随之增加，Cathelicidin‐Pb 的表达可能会受到微生物的诱导调控。

虽然同一种抗菌肽分子在同一动物体中的不同组织中发现，但其表达量却有显著的差异，这可能与生物体的功能和环境诱导相关。例如大多研究中分离到的抗菌肽在皮肤中的表达量明显高于其他组织（Wang et al.，2011）。两栖动物的皮肤中存在丰富的腺体，包括黏液腺和颗粒腺等，这些腺体是分泌抵御病原体入侵活性物质的主要部位（Nascimento et al.，2003），这与 Cathelicidin‐Pb 在皮肤中的表达量明显高于肌肉组织以及血液组织的结论相一致。鉴于两栖类复杂的生存环境，Cathelicidin‐Pb 在宿主复杂的免疫机制中不仅作为抗微生物感染作用的第一道防线，而且还可能发挥了其他重要功能，但是具体作用机制还需进一步阐明。

二、Cathelicidin‐Pb 的抑菌效果分析

（一）抑菌实验处理

1. 主要仪器与设备

RT‐2100C 酶标分析仪（深圳雷杜生命科学股份有限公司）、电热恒温鼓风干燥烘箱（上海齐欣科学仪器有限公司）电子分析天平（上海凌仪生物科技有限公司）、UPT‐Ⅱ超纯水器（四川优普超纯水科技有限公司）、SW‐CJ‐ZD 双人单面净化工作台（苏州净化设备有限公司）、ZWY‐240 恒温培养箱振荡器（上海智诚分析仪器制造有限公司）、UV100Ⅱ单光束紫外可见分光光度计（上海天美科学仪器有限公司）、YM50 立体式压力蒸汽灭菌器（上海三申医疗器械有限公司）。

2. 主要材料和试剂

沙门氏菌、大肠杆菌、金黄色葡萄球菌为实验室所购得的标准菌株。金黄杆菌、肺炎克雷伯氏菌、嗜水单胞菌、希瓦氏菌、柠檬酸杆菌为实验室分离菌株。抗菌肽由强耀生物科技有限公司合成。LB 培养基配制药品购自英国 OXOID 公司。沙门‐志贺氏琼脂培养基（SS 培养基）购自于杭州微生物试剂有限公司。MH 培养基及 MH 肉汤均来自杭州天和微生物试剂有限公司。

3. 棘腹蛙转录组数据库的挖掘

（1）筛选棘腹蛙皮肤上的抗菌肽。根据 NCBI 公布的 Cathelicidin 序列，以

DNAman 软件进行序列的多重比对，获得 Cathelicidin 序列中的保守区域，以保守区域为"钓饵"搜索皮肤转录组数据库。

（2）获取棘腹蛙皮肤抗菌肽 Cathelicidin - Pb 成熟肽。利用本地 Blastp 软件搜索棘腹蛙转录组 Contig 数据库（E 值设为 0.01），找到仅保留编码棘腹蛙皮肤抗菌肽 Cathelicidin - Pb 成熟肽序列。

（3）合成棘腹蛙皮肤抗菌肽 Cathelicidin - Pb 成熟肽。棘腹蛙皮肤抗菌肽 Cathelicidin - Pb 成熟肽由强耀生物科技有限公司合成。

4. 棘腹蛙皮肤抗菌肽 Cathelicidin - Pb 的最小抑菌浓度的测定

测定外源表达的 Cathelicidin - Pb 抗菌肽对沙门氏菌、大肠杆菌、金黄色葡萄球菌为实验室所购得的标准菌株，金黄杆菌、肺炎克雷伯氏菌、嗜水单胞菌、希瓦氏菌、柠檬酸杆菌为实验室分离菌株等棘腹蛙致病菌的抑制效果。

（1）菌株活化。在超净工作台上进行无菌操作取培养皿若干装入已灭菌的 LB 培养基（沙门氏菌用 SS 培养基无需灭菌），待其凝固后，在无菌条件下用画线法将供试菌种移接到相应的培养基平板上，放入培养箱中，于 37℃ 下培养 24h。

（2）菌液培养。挑取活化单个菌落于 20mL 肉汤中，置 37℃ 摇床 80 转过夜培养 12h 左右。

（3）OD_{600} 测定。利用紫外分光光度仪测定 OD 值，用 MH 肉汤调整菌液浓度使其 OD_{600} 落在 0.08~0.1。此时菌液浓度约 $10^8 CFU/mL$。

（4）上样菌液稀释。将待测菌液（$10^8 CFU/mL$）稀释 1 000 倍，此时菌液浓度约为 $10^5 CFU/mL$，该菌液为上样菌液。

（5）抗菌肽制备。称取一定量的抗菌肽粉末，使用 30% 的醋酸溶解抗菌肽至 5 120μg/mL，溶解后过滤（滤膜孔径为 0.22μm）。

（6）抑菌试验。在无菌 96 孔板第一至第十一列加入灭菌后的 MH 肉汤 100μL，将待测抗菌药物稀释 10 倍后，第一列加入 10 倍稀释的药液 100μL，逐次倍比稀释至第十一列，此时每孔液体体积为 100μL。再在每一孔中加入待测菌液 100μL，每孔液体终体积为 200μL。无菌 96 孔板的第十二列上加入 200μL 菌液作为阳性对照。药物和菌液上样完毕后，盖好板盖，置于 37℃ 温箱培养 18~22h。

（7）结果判定。利用酶标仪进行测定，OD 值显示的菌液浓度突变点为最低抑菌浓度。

（二）抑菌效果

由表 6-1、图 6-6 可知，不同浓度的棘腹蛙皮肤抗菌肽 Cathelicidin - Pb 对大肠杆菌、沙门氏菌、金黄杆菌、肺炎克雷伯氏菌、希瓦氏菌、嗜水单胞菌等 8 种棘腹蛙常见致病菌的抑制效果不明显。

表 6 - 1 Cathelicidin - Pb 的抑菌效果

| 致病菌种 | 抗菌肽终浓度 | | | | | | | | | | 0 |
	256 μg/mL	128 μg/mL	64 μg/mL	32 μg/mL	16 μg/mL	8 μg/mL	4 μg/mL	2 μg/mL	1 μg/mL	0.5 μg/mL	
大肠杆菌	0.653	0.759	0.799	0.788	0.795	0.848	0.836	0.830	0.828	0.853	0.853
沙门氏菌	0.627	0.747	0.760	0.802	0.802	0.839	0.847	0.872	0.875	0.870	0.858
金黄杆菌	0.665	0.764	0.791	0.819	0.822	0.843	0.832	0.824	0.896	0.835	0.802
肺炎克雷伯氏菌	0.646	0.732	0.766	0.799	0.804	0.806	0.805	0.812	0.808	0.819	0.781
希瓦氏菌	0.652	0.766	0.789	0.813	0.805	0.822	0.841	0.845	0.837	0.858	0.865
嗜水单孢菌	0.704	0.826	0.776	0.816	0.850	0.855	0.834	0.875	0.899	0.911	0.913
柠檬酸杆菌	0.617	0.735	0.769	0.764	0.787	0.775	0.801	0.819	0.782	0.786	0.815
金黄色葡萄球菌	0.598	0.731	0.764	0.788	0.796	0.820	0.809	0.812	0.799	0.818	0.800

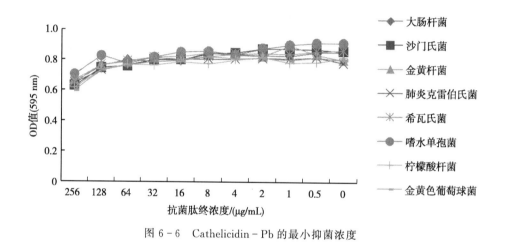

图 6 - 6 Cathelicidin - Pb 的最小抑菌浓度

三、Cathelicidin - pb 活性的影响因素

（一）金属离子对棘腹蛙皮肤抗菌肽 Cathelicidin - Pb 抑菌效果的影响

1. 抑菌实验操作

（1）用去离子水配制 1mol/L 的氯化钠、1mol/L 氯化钾、0.1mol/L 的氯化钙、0.1mol/L 氯化镁、0.1mol/L 三氯化铁母液和抗菌肽溶液。

（2）大肠杆菌画线后过夜培养，培养大小适宜，用离心管摇菌，至 OD 值为 0.08~0.10，上样时再稀释。将氯化钠、氯化钾母液稀释为 0.01、0.05、0.25mol/L 将氯化钙、氯化镁母液稀释为 0.001、0.005、0.025mol/L。

（3）在 96 孔板中加样，每种不同浓度的金属离子 50μL、抗菌肽 50μL、菌液 50μL、MH 肉汤 50μL，每个重复两次，每组两个对照（一个不加金属离子，用去离子水代替；一个不加抗菌肽，用去离子水代替），37℃培养12h（共需5×5×2孔）。

（4）用酶标仪检测结果（主波长595nm）。

2. 金属离子对Cathelicidin-Pb抑菌效果的影响

分别测定棘腹蛙皮肤抗菌肽Cathelicidin-Pb在Na^+、Fe^{3+}、K^+、Ca^{2+}、Mg^{2+}的不同浓度（终浓度：0.01、0.05、0.25mol/L）下，对大肠杆菌和金黄色葡萄球菌抑菌效果的影响。Na^+（NaCl）、K^+（KCl）上样浓度从低至高为0.04、0.20、1.00mol/L；Mg^{2+}（$MgCl_2$）、Ca^{2+}（$CaCl_2$）、Fe^{3+}（$FeCl_3$）上样浓度从低至高为：0.004、0.020、0.100mol/L。抗菌肽终浓度为$256\mu g/mL$，培养时间12~14h。

无离子加入抗菌肽对照：$OD_{595}=0.458$（大肠杆菌），$OD_{595}=0.186$（金黄色葡萄球菌），无离子无抗菌肽对照：$OD_{595}=0.481$（大肠杆菌），$OD_{595}=0.197$（金黄色葡萄球菌）（表6-2、表6-3）。

表6-2　N_a^+、K^+不同浓度下Cathelicidin-Pb的抑菌效果

金属离子	有抗菌肽			无抗菌肽		
	低浓度(0.01mol/L)	中浓度(0.05mol/L)	高浓度(0.25mol/L)	低浓度(0.01mol/L)	中浓度(0.05mol/L)	高浓度(0.25mol/L)
Na^+（大肠杆菌）	0.125	0.121	0.110	0.504	0.558	0.432
K^+（大肠杆菌）	0.123	0.122	0.101	0.498	0.550	0.451
Na^+（金黄色葡萄球菌）	0.101	0.087	0.100	0.162	0.374	0.162
K^+（金黄色葡萄球菌）	0.095	0.074	0.075	0.150	0.154	0.183

表6-3　Fe^{3+}、Ca^{2+}、Mg^{2+}不同浓度下Cathelicidin-Pb的抑菌效果

金属离子	有抗菌肽			无抗菌肽		
	低浓度(0.001mol/L)	中浓度(0.005mol/L)	高浓度(0.025mol/L)	低浓度(0.001mol/L)	中浓度(0.005mol/L)	高浓度(0.025mol/L)
Fe^{3+}（大肠杆菌）	0.216	0.556	1.198	0.495	0.607	1.170
Ca^{2+}（大肠杆菌）	0.108	0.517	0.675	0.442	0.505	0.688
Mg^{2+}（大肠杆菌）	0.088	0.094	0.442	0.852	0.549	0.545
Fe^{3+}（金黄色葡萄球菌）	0.243	0.531	1.247	0.241	0.517	1.256
Ca^{2+}（金黄色葡萄球菌）	0.151	0.203	0.282	0.205	0.261	0.392
Mg^{2+}（金黄色葡萄球菌）	0.149	0.151	0.145	0.327	0.150	0.241

由图6-7可知，在不加抗菌肽的情况下，Na^+对大肠杆菌的生长在低浓度（0.01mol/L）、中浓度（0.05mol/L）下有促进作用，在高浓度（0.25mol/L）下有抑制作用；Na^+对金黄色葡萄球菌的生长在中浓度（0.05mol/L）有明显促

进作用。在加入抗菌肽的情况下，出现明显抑菌效果，加入各个浓度的 Na^+ 对抗菌肽抑制大肠杆菌、金黄色葡萄球菌的生长有明显促进作用。

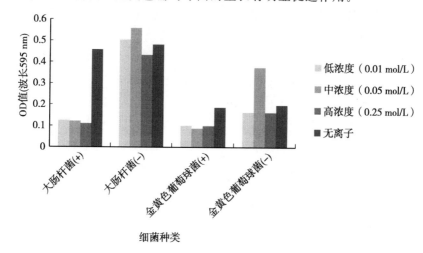

图 6-7　不同 Na^+ 浓度对 Cathelicidin-Pb 抑菌效果的影响

由图 6-8 可知，在不加抗菌肽的情况下，K^+ 对大肠杆菌的生长在低浓度（0.01mol/L）、中浓度（0.05mol/L）下有促进作用，在高浓度（0.25mol/L）下有抑制作用；各个浓度的 K^+ 对金黄色葡萄球菌的生长没有促进作用。在加入抗菌肽的情况下，出现明显抑菌效果，加入各个浓度的 K^+ 对抗菌肽抑制大肠杆菌、金黄色葡萄球菌的生长有明显促进作用。

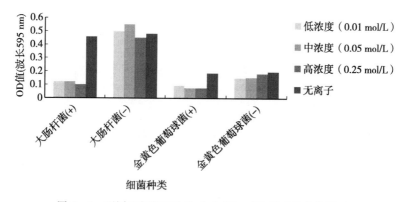

图 6-8　不同 K^+ 浓度对 Cathelicidin-Pb 抑菌效果的影响

由图 6-9 可知，在不加抗菌肽的情况下，Fe^{3+} 对大肠杆菌、金黄色葡萄球菌的生长有促进作用，尤其在高浓度（0.025mol/L）下有明显促进作用。在加入抗菌肽的情况下，加入低浓度（0.001mol/L）的 Fe^{3+} 对抗菌肽抑制大肠杆菌的生长有促进作用，其余浓度对大肠杆菌、金黄色葡萄球菌的生长均无明显影响效果。

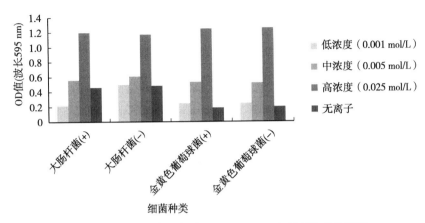

图 6 - 9   不同 Fe^{3+} 浓度对 Cathelicidin - Pb 抑菌效果的影响

由图 6 - 10 可知，在不加抗菌肽的情况下：Ca^{2+} 对大肠杆菌、金黄色葡萄球菌的生长在高浓度（0.025mol/L）下有明显促进作用，其余浓度对这两种菌的生长无明显影响。在加入抗菌肽的情况下：加入低浓度（0.001mol/L）的 Ca^{2+} 对抗菌肽抑制大肠杆菌的生长有促进作用，其余浓度对大肠杆菌、金黄色葡萄球菌的生长均无明显影响效果。

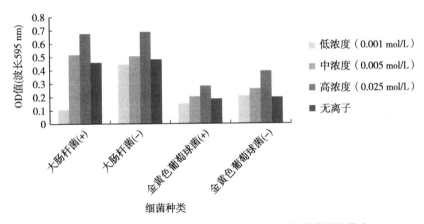

图 6 - 10   不同 Ca^{2+} 浓度对 Cathelicidin - Pb 抑菌效果的影响

由图 6 - 11 可知，在不加抗菌肽的情况下：Mg^{2+} 对大肠杆菌、金黄色葡萄球菌的生长在低浓度（0.001mol/L）下有明显促进作用，在中浓度（0.005mol/L）的 Mg^{2+} 作用下金黄色葡萄球菌的生长有抑制现象。在加入抗菌肽的情况下：加入低浓度（0.001mol/L）、中浓度（0.005mol/L）的 Mg^{2+} 对抗菌肽抑制大肠杆菌的生长有促进作用，其余浓度对大肠杆菌、金黄色葡萄球菌的生长均无明显影响效果。

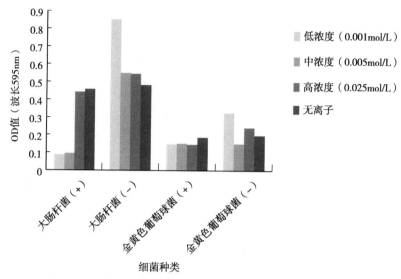

图 6-11 不同 Mg^{2+} 浓度对 Cathelicidin-Pb 抑菌效果的影响

（二）温度对棘腹蛙皮肤抗菌肽 Cathelicidin-Pb 抑菌效果的影响

1. 抑菌实验操作

（1）画线培养大肠杆菌。

（2）取一个灭菌的 2mL 的离心管，加 1mLMH 肉汤，用接种环挑取单个菌落于肉汤中，37℃，200r 培养 2h 得菌液。

（3）3 个 2mLEP 管各加入 1.6mL 的 MH 肉汤，取 200μL 菌液于其中，37℃，100r 培养，每隔 0.5h 测其 OD_{600}，MH 肉汤调整菌液浓度时期 OD_{600} 值落在 0.08~0.10。将此菌液稀释 1 000 倍待用。

（4）抗菌肽溶解于灭菌的去离子水中，稀释至最低抑菌浓度，取 10μL 抗菌肽分别放于室温，37、50、70、90、121℃下保温 15min，在 96 孔板里中各加入 50μLMH 肉汤，再加入处理过的抗菌肽 50μL，菌液（105CFU/mL）100μL（每种抗菌肽则点了 5 个孔），对照组：不加抗菌肽的点一个孔，常温抗菌肽的一个孔（共 2 个孔）。37℃培养 12h（共需 7×2×3 个孔）。

（5）用酶标仪检测结果（主波长 595nm）。

2. 温度对 Cathelicidin-Pb 抑菌效果的影响

分别测定棘腹蛙皮肤抗菌肽 Cathelicidin-Pb 在不同温度（25、37、50、70、90、121℃）下，对大肠杆菌和金黄色葡萄球菌抑菌效果的影响。

由表 6-4、图 6-12 可知，在常温（25℃）情况下该抗菌肽没有任何抑菌效果，当逐渐升温，大肠杆菌中出现了抑菌现象，可能原因是温度升高使其活性降低、死亡；金黄色葡萄球菌中无明显现象。

表 6-4　不同温度下 Cathelicidin-Pb 的抑菌效果

［空白对照：$OD_{595}=0.109$（大肠杆菌）；$OD_{595}=0.139$（金黄色葡萄球菌）］

菌种	25℃	37℃	50℃	70℃	90℃	121℃	菌液（无抗菌肽）
大肠杆菌	0.558	0.578	0.481	0.432	0.120	0.133	0.565
金黄葡萄球菌	0.123	0.110	0.136	0.127	0.131	0.136	0.185

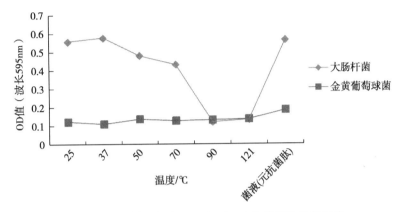

图 6-12　不同温度对 Cathelicidin-Pb 抑菌效果的影响

（三）pH 对棘腹蛙皮肤抗菌肽 Cathelicidin-Pb 抑菌效果的影响

1. 抑菌实验操作

（1）画线培养大肠杆菌。

（2）取 1 个灭菌的 2mL 的离心管，加 1mLMH 肉汤，用接种环挑取单个菌落于肉汤中，37℃，200 转培养 2h 得菌液。

（3）3 个 2mLEP 管分别加入 1.6mL 的 MH 肉汤，取 $200\mu L$ 菌液于其中，37℃，100 转培养，每隔 0.5h 测其 OD_{600}，MH 肉汤调整菌液浓度时期 OD_{600} 落在 0.08～0.1。将此菌液稀释 1 000 倍待用。

（4）配制 0.1 醋酸-醋酸钠缓冲液（pH4～5）；磷酸二氢钾-氢氧化钠缓冲液（pH6～7）；Tris-盐酸缓冲液（pH8～9）；碳酸氢钠-氢氧化钠缓冲液（pH10～11），将抗菌肽分别与上述缓冲液等体积混合后使其体积为 $50\mu L$（用 $150\mu L$ 的 EP 管），在 96 孔板里中各加入 $50\mu L$ MH 肉汤，再加入混合液（抗菌肽和不同 pH 的混合液）$50\mu L$，菌液（105CFU/mL）$100\mu L$，每种菌点 4 个孔，对照（不加抗菌肽）1 个孔，对照（只有抗菌肽）1 个孔，37℃培养 12h（共需 $6\times2\times3$ 孔）

（5）用酶标仪检测结果（主波长 595nm）。

2. pH 对 Cathelicidin-Pb 抑菌效果的影响

分别测定棘腹蛙皮肤抗菌肽 Cathelicidin-Pb 在不同 pH（4～5、6～7、8～9

和 10～11）下，对大肠杆菌和金黄色葡萄球菌抑菌效果的影响。用醋酸-醋酸钠缓冲液将 pH 调至 4～5，用酸二氢钾-氢氧化钠缓冲液将 pH 调至 6～7，用 Tris -盐酸缓冲液将 pH 调至 8～9，用碳酸氢钠-氢氧化钠缓冲液将 pH 调至10～11；

空白对照：OD_{595}＝0.341（大肠杆菌）；OD_{595}＝0.120（金黄色葡萄球菌）。

阳性对照（有菌有抗菌肽）：OD_{595}＝0.618（大肠杆菌）；OD_{595}＝0.198（金黄色葡萄球菌）。

阴性对照（只有菌液）：OD_{595}＝0.652（大肠杆菌）；OD_{595}＝0.207（金黄色葡萄球菌）。

由表 6-5、图 6-13 可知，pH 在 4～5、10～11 时，无法获得对抗菌肽是否有影响，因为 pH 使致病菌几乎丧失了活性，所以无法得知对抗菌肽的影响。加入抗菌肽与不加入抗菌肽，致病菌的生长没有明显变化。

表 6-5 不同 pH 下 Cathelicidin-Pb 的抑菌效果

菌种	pH							
	4～5	6～7	8～9	10～11	4～5	6～7	8～9	10～11
	有抗菌肽				无抗菌肽			
大肠杆菌	0.126	0.167	0.122	0.160	0.135	0.612	0.619	0.173
金黄葡萄球菌	0.139	0.169	0.134	0.172	0.143	0.174	0.143	0.180

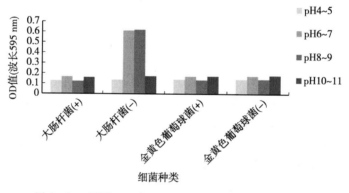

图 6-13 不同 pH 对 Cathelicidin-Pb 抑菌效果的影响

第三节 棘腹蛙抗菌肽 LEAP-2

最初从人的血液超滤产物中分离得到肝脏表达的抗菌肽-2（LEAP-2），在此之后，陆续在鼠、鱼和鸡中也有发现。它们都是由 3 个外显子和 2 个内含子组成的（Zhang et al.，2004），但不同物种 LEAP-2 的拷贝数和表达部位有略微差别。目前针对 LEAP-2 的研究主要集中在人和一些模式动物，鲜有涉及两栖动物（尤其是蛙类）LEAP‑2抗菌肽的研究。因此，研究棘腹蛙LEAP‑2的筛选及活性，为寻找高效无危害的抗生素替代品提供可能。所以，本研究旨在通过化学合成法对棘腹蛙LEAP‑2进行人工合成，微量稀释法测定其最小抑菌浓度以及在不同温度、不同pH、不同金属离子（肖冰，2012）的环境下，棘腹蛙LEAP‑2的合成及生物活性，以期为今后开发棘腹蛙的抗菌肽制剂奠定前期基础。

一、LEAP‑2的筛选

（1）根据NCBI已经公布的LEAP‑2序列，以DNAman软件进行序列的多重比对，获得LEAP‑2序列中的保守区域，以保守区域为"钓饵"搜索转录组数据库。

（2）获取棘腹蛙LEAP‑2成熟肽。利用本地Blast软件搜索棘腹蛙转录组Contig数据库（E值设为0.01），找到仅保留编码的棘腹蛙LEAP‑2成熟肽序列。

（3）棘腹蛙LEAP‑2成熟肽的合成。棘腹蛙LEAP‑2的成熟肽由强耀生物科技有限公司合成。

二、LEAP‑2的抑菌效果分析

(一) 抑菌实验处理

1. 主要仪器

电子分析天平（上海凌仪生物科技有限公司）、UPT‑Ⅱ超纯水器（四川优普超纯水科技有限公司）、YM50立体式压力蒸汽灭菌器（上海三申医疗器械有限公司）、SW‑CJ‑ZD双人单面净化工作台（苏州净化设备有限公司）、ZWY‑240恒温培养箱振荡器（上海智诚分析仪器制造有限公司）、UV100Ⅱ单光束紫外可见分光光度计（上海天美科学仪器有限公司）、RT‑2100C酶标分析仪（深圳雷杜生命科学股份有限公司）、电热恒温鼓风干燥烘箱（上海齐欣科学仪器有限公司）。

2. 主要材料和试剂

沙门氏菌、大肠杆菌、金黄色葡萄球菌为所购得的标准菌株。金黄杆菌、肺炎克雷伯氏菌、嗜水单胞菌、希瓦氏菌、柠檬酸杆菌为实验室分离菌株。抗菌肽由强耀生物科技有限公司合成。LB培养基配制药品购自英国OXOID公司。SS培养基购自于杭州微生物试剂有限公司。MH培养基及MH肉汤均来自杭州天和微生物试剂有限公司；其余试剂均为国产分析纯。

3. 棘腹蛙LEAP‑2的最小抑菌浓度的测定

（1）菌株活化。在超净工作台上进行无菌操作取培养皿若干装入已灭菌的LB培养基（沙门氏菌用SS培养基无需灭菌），待其凝固后，在无菌条件下用画线法将供试菌种移接到相应的培养基平板上，放入培养箱中，于37℃下培养24h。

（2）菌液培养。挑取活化单个菌落于20mL肉汤中，置37℃摇床80r过夜培养 12h 左右。

（3）OD$_{600}$测定。利用紫外分光光度仪测定 OD 值，MH 肉汤调整菌液浓度使其 OD$_{600}$落在 0.08～0.10，此时菌液浓度约 10^8CFU/mL。

（4）上样菌液稀释。将待测菌液（10^8CFU/mL）稀释 1 000 倍，此时菌液浓度约为 10^5CFU/mL，此时的菌液为上样菌液。

（5）抗菌肽制备。称取一定量的抗菌肽粉末，使用 30％的醋酸溶解抗菌肽至 5 120μg/mL。

（6）抑菌试验。在无菌 96 孔板第一至第十一列加入灭菌 MH 肉汤 100μL，将待测抗菌药物稀释 10 倍后，第一列加入 10 倍稀释的药液 100μL 再逐次倍比稀释至第十一列，此时每孔液体体积为 100μL。再在每一孔中加入待测菌液 100μL，每孔液体终体积为 200μL。无菌 96 孔板的第十二列上加入 200μL 菌液作为对照。药物和菌液上样完毕后，盖好板盖，置 37℃温箱培养 18～22h。

（7）结果判定。利用酶标仪进行测定，吸光度值显示菌液浓度突变点为最低抑菌浓度。

（二）抑菌效果

棘腹蛙 LEAP-2 对沙门氏菌、大肠杆菌、金黄色葡萄球菌、金黄杆菌、肺炎克雷伯氏菌、嗜水单胞菌、希瓦氏菌、柠檬酸杆菌的最低抑菌浓度的测定结果显示（表 6-6），该抗菌肽对这 8 种棘腹蛙常见的致病菌有普遍的抑菌效果，但对金黄杆菌、希瓦氏菌抑菌效果不显著，对其余菌株有明显的抑菌效果，最小抑菌浓度为 80μg/mL（图 6-14）。

表 6-6　棘腹蛙 LEAP-2 的最小抑菌浓度的测定结果

细菌种类	抗菌肽浓度/（μg/mL）											
	512	256	128	64	32	16	8	4	2	1	0.5	0
大肠杆菌	0.110	0.111	0.110	0.112	0.124	0.118	0.119	1.077	1.066	1.439	1.010	1.053
沙门氏菌	0.126	0.133	0.125	0.127	0.130	0.130	0.134	0.701	0.752	0.764	0.733	0.727
金黄杆菌	0.146	0.144	0.141	0.139	0.144	0.146	0.149	0.231	0.257	0.267	0.294	0.294
肺炎克雷伯菌	0.162	0.164	0.171	0.172	0.169	0.176	0.185	0.964	0.998	0.994	0.984	0.975
希瓦氏菌	0.132	0.134	0.138	0.136	0.141	0.146	0.144	0.223	0.284	0.280	0.262	0.310
嗜水单胞菌	0.137	0.139	0.144	0.146	0.153	0.154	0.163	0.674	0.606	0.639	0.618	0.814
柠檬酸杆菌	0.150	0.157	0.157	0.152	0.155	0.155	0.165	0.539	0.685	0.728	0.730	0.768
金黄色葡萄球菌	0.181	0.195	0.181	0.186	0.206	0.199	0.205	0.808	0.849	0.846	0.838	0.888

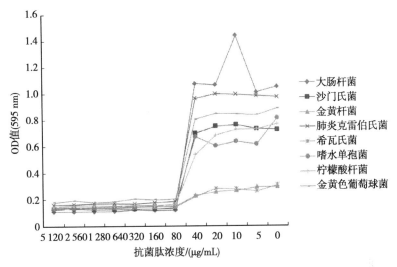

图 6 - 14　棘腹蛙 LEAP - 2 的最小抑菌浓度

三、LEAP - 2 活性的影响因素

(一) 金属离子对棘腹蛙 LEAP - 2 抑菌效果的影响

1. 抑菌实验操作

用去离子水配制 1mol/L 的氯化钠、氯化钾，0.1mol/L 的氯化钙、氯化镁，与等体积样品溶液混合，37℃培养 12h，测定其抑菌率。以不加任何离子的样品作为对照。待测菌种：大肠杆菌、金黄色葡萄球菌。

2. 金属离子对 LEAP - 2 抑菌活性的影响

将 LEAP - 2 与含有不同金属离子的溶液混合孵育后，测定其抗菌活性。

阴性对照：$OD_{595}=0.656$（大肠杆菌），$OD_{595}=0.618$（金黄色葡萄球菌）。阳性对照：$OD_{595}=0.085$（大肠杆菌），$OD_{595}=0.083$（金黄色葡萄球菌）。空白对照：$OD_{595}=0.087$。

表 6 - 7　Na^+、K^+ 对棘腹蛙 LEAP - 2 抑菌活性的测定结果

金属离子	浓度/（mol/L）（＋）			浓度/（mol/L）（－）		
	0.04	0.20	1.00	0.04	0.20	1.00
Na^+（大肠杆菌）	0.116	0.122	0.130	0.878	0.878	0.646
K^+（大肠杆菌）	0.083	0.080	0.084	0.675	0.632	0.543
Na^+（金黄色葡萄球菌）	0.091	0.092	0.099	0.486	0.423	0.482
K^+（金黄色葡萄球菌）	0.062	0.082	0.089	0.456	0.450	0.453

注："＋"为有抗菌肽，"－"为无抗菌肽。

表 6 - 8   Mg²⁺、Ca²⁺ 对棘腹蛙 LEAP - 2 抑菌活性的测定结果

金属离子	浓度/（mol/L）（+）			浓度/（mol/L）（-）		
	0.004	0.020	0.100	0.004	0.020	0.100
Mg²⁺（大肠杆菌）	0.098	0.098	0.015	0.547	0.457	0.493
Ca²⁺（大肠杆菌）	0.103	0.104	0.101	0.568	1.062	0.658
Mg²⁺（金黄色葡萄球菌）	0.103	0.117	0.123	0.383	0.356	0.320
Ca²⁺（金黄色葡萄球菌）	0.094	0.102	0.111	0.492	0.577	0.437

注："＋"为有抗菌肽，"－"为无抗菌肽。

从图 6 - 15 中可知，Na^+ 能促进大肠杆菌生长，促进作用随钠浓度的增大而减弱；Na^+ 能抑制金黄色葡萄球菌生长，0.2mol/L Na^+ 抑制作用最强。LEAP - 2 在 Na^+ 存在下，对大肠杆菌和金黄色葡萄球菌的抑制作用有轻微的减弱，并随着 Na^+ 浓度升高抑制作用加强。

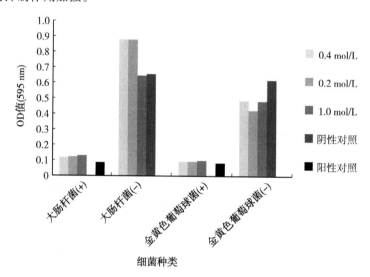

图 6 - 15 Na^+ 对棘腹蛙 LEAP - 2 抑菌活性的影响

注："＋"为有抗菌肽，"－"为无抗菌肽；阴性对照，$OD_{595}=0.656$（大肠杆菌），$OD_{595}=0.618$（金黄色葡萄球菌）；阳性对照，$OD_{595}=0.085$（大肠杆菌），$OD_{595}=0.083$（金黄色葡萄球菌）。

从图 6 - 16 中可知，K^+ 能抑制大肠杆菌生长，抑制作用随 K^+ 浓度的增大而加强；K^+ 能抑制金黄色葡萄球菌生长，但随着浓度的升高，抑制作用变化不大。K^+ 对 LEAP - 2 抑菌活性几乎没有影响，其中该抗菌肽在 0.04mol/L K^+ 处理下，对抑制金黄色葡萄球菌的生长具有促进作用。

从图 6 - 17 中可知，Mg^{2+} 能抑制大肠杆菌生长，0.2mol/L Mg^{2+} 抑制作用最强；Mg^{2+} 能抑制金黄色葡萄球菌生长，抑制作用随浓度增大而加强。Mg^{2+} 也

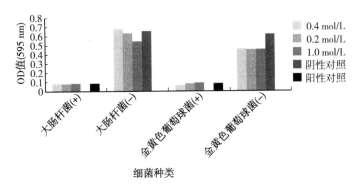

图 6-16　K$^+$ 对棘腹蛙 LEAP-2 抑菌活性的影响

注："+"为有抗菌肽，"-"为无抗菌肽；阴性对照，OD$_{595}$=0.656（大肠杆菌），OD$_{595}$=0.618（金黄色葡萄球菌）；阳性对照，OD$_{595}$=0.085（大肠杆菌），OD$_{595}$=0.083（金黄色葡萄球菌）。

能抑制 LEAP-2 对大肠杆菌和金黄色葡萄球菌的抑制作用，且其抑制作用随 Mg^{2+} 的浓度增大而加强。

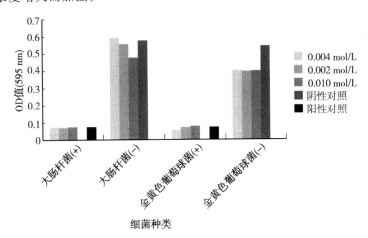

图 6-17　Mg^{2+} 对棘腹蛙 LEAP-2 抑菌活性的影响

注："+"为有抗菌肽，"-"为无抗菌肽；阴性对照，OD$_{595}$=0.656（大肠杆菌），OD$_{595}$=0.618（金黄色葡萄球菌）；阳性对照，OD$_{595}$=0.085（大肠杆菌），OD$_{595}$=0.083（金黄色葡萄球菌）。

　　从图 6-18 中可知，Ca^{2+} 在 0.04mol/L 和 0.10mol/L 的浓度下对大肠杆菌有抑制作用，但 0.02mol/L Ca^{2+} 对大肠杆菌有促进生长的作用；Ca^{2+} 对金黄色葡萄球菌有抑制作用，但 0.02mol/L Ca^{2+} 对金黄色葡萄球菌的抑制作用最小。LEAP-2 在 Ca^{2+} 存在下，对大肠杆菌和金黄色葡萄球菌的抑制作用有减弱的效果，随 Ca^{2+} 浓度增加对大肠杆菌增殖的抑制效果减弱效果变化不明显，但随 Ca^{2+} 浓度增加对金黄色葡萄球菌增殖的抑制效果逐渐减弱。

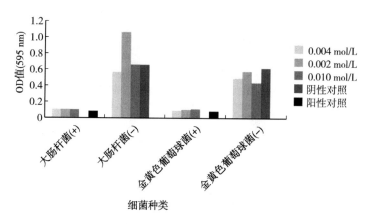

图 6-18　Ca²⁺ 对棘腹蛙 LEAP-2 抑菌活性的影响

注："＋"为有抗菌肽，"－"为无抗菌肽；阴性对照，$OD_{595} = 0.656$（大肠杆菌），$OD_{595} = 0.618$（金黄色葡萄球菌）；阳性对照，$OD_{595} = 0.085$（大肠杆菌），$OD_{595} = 0.083$（金黄色葡萄球菌）。

（二）温度对棘腹蛙皮肤抗菌肽 LEAP-2 抑菌效果的影响

1. 抑菌实验操作

（1）菌株活化，在超净工作台上进行无菌操作取培养皿若干，装入已灭菌的 LB 培养基，待其凝固后，在无菌条件下用画线法将供试菌种移接到相应的培养基平板上，放入培养箱中，于 37℃ 下培养 12h（待测菌种：大肠杆菌、金黄色葡萄球菌）。

（2）取 1 个灭菌的 2mL 离心管，加入 1mL MH 肉汤，用接种环挑取单个菌落于肉汤中，37℃，200r 培养菌液 2h。

（3）取 3 个 2mL EP 管分别加入 1.6mL MH 肉汤，加入 200μL 菌液，37℃，100 转培养，每隔 0.5h 测其 OD_{600}，MH 肉汤调整菌液浓度时期 OD_{600} 落在 0.08～0.10。将此菌液稀释 1 000 倍待用。

（4）抗菌肽溶解于 30% 的醋酸溶液中，稀释至最低抑菌浓度。取 300μL 抗菌肽分别放于室温，以及 37、50、70、90℃ 下保温 15min，在 96 孔板里中各加入 50μL MH 肉汤，再加入处理过的抗菌肽 50μL，菌液（10⁵ CFU/mL）100μL，设置对照组（阴性对照、阳性对照、空白对照），37℃ 培养 12h。

2. 温度对 LEAP-2 抑菌活性的影响

LEAP-2 在常温以及 37、50、70、90℃ 孵育后加入待测菌液，以分别只加入待测菌液和 MH 肉汤的实验组作为对照，测定其抗菌活性（表 6-9、图 6-19）。从结果可知，LEAP-2 在常温下具有较好的抗菌活性，并且随着温度逐渐上升，抗菌活性效果越差。

表 6-9　不同温度对棘腹蛙 LEAP-2 抑菌活性的测定结果

细菌种类	温度					菌液 （无抗菌肽）	MH 肉汤
	常温	37℃	50℃	70℃	90℃		
大肠杆菌	0.132	0.124	0.120	0.113	0.113	0.667	0.098
金黄色葡萄球菌	0.168	0.159	0.156	0.150	0.145	0.489	

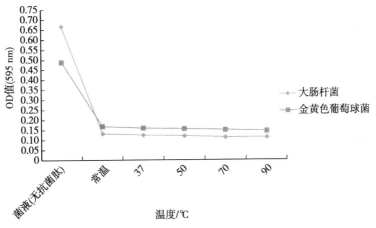

图 6-19　不同温度对棘腹蛙 LEAP-2 抑菌活性的影响

（三）pH 对棘腹蛙皮肤抗菌肽 LEAP-2 抑菌效果的影响

1. 抑菌实验操作

配制 0.1M 醋酸-醋酸钠缓冲液（pH4～5）；磷酸二氢钾-氢氧化钠缓冲液（pH6～7）；Tris-盐酸缓冲液（pH8～9）；碳酸氢钠-氢氧化钠缓冲液（pH10～11）。将样品与上述缓冲加入 96 孔板，37℃培养 12h，测定其抑菌率。待测菌种：大肠杆菌、金黄色葡萄球菌。

2. pH 对 LEAP-2 抑菌效果的影响

将 LEAP-2 抗菌肽与不同 pH 的缓冲液混合，测定其抗菌活性，所测得数据见如表 6-10、图 6-20 所示。

阴性对照：$OD_{595}=0.818$（大肠杆菌），$OD_{595}=0.527$（金黄色葡萄球菌）。阳性对照：$OD_{595}=0.104$（大肠杆菌），$OD_{595}=0.112$（金黄色葡萄球菌）。空白对照：$OD_{595}=0.113$。

结果表明，当 pH 在 5～9 LEAP-2 有明显的抑菌活性，但在 pH 在 4～5 和 10～11 抗菌活性不明显，在大肠杆菌中尤为突出，甚至所测的 OD 表现出反转，加入了抗菌肽的大肠杆菌菌液所测的 OD 大于没有加入抗菌肽的大肠杆菌菌液所测的 OD。

表 6 - 10　不同 pH 对棘腹蛙 LEAP - 2 抑菌活性的测定结果

细菌种类	pH（＋）				pH（－）			
	4～5	6～7	8～9	10～11	4～5	6～7	8～9	10～11
大肠杆菌	0.110	0.119	0.100	0.226	0.100	0.548	0.671	0.134
金黄色葡萄球菌	0.191	0.205	0.187	0.328	0.106	0.408	0.387	0.141

注："＋"为有抗菌肽，"－"为无抗菌肽。

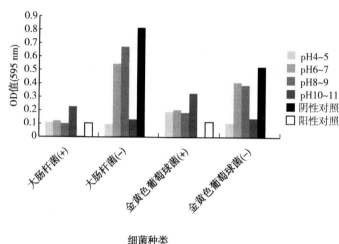

图 6 - 20　不同 pH 对棘腹蛙 LEAP - 2 抑菌活性的影响

注："＋"为有抗菌肽，"－"为无抗菌肽；阴性对照，$OD_{595}=0.818$（大肠杆菌），$OD_{595}=0.527$（金黄色葡萄球菌）；阳性对照，$OD_{595}=0.104$（大肠杆菌），$OD_{595}=0.112$（金黄色葡萄球菌）。

第四节　棘腹蛙抗菌肽 Japonicin - 3pb

Japonicin 是一类多功能抗菌肽，最先从日本林蛙的皮肤中分离，根据氨基酸序列的组成及结构特征。Japonicin 抗菌肽可以分为 Japonicin - 1 和 Japonicin - 2 两类。其中，Japonicin - 1 是含有 2 个由半胱氨酸构成的有 7 个残基的环，而 japonicin - 2 则是含有 2 个由半胱氨酸组成的有 8 个残基的环。在抑菌活性方面，Japonicin - 1 对大肠杆菌和金黄色葡萄球菌都有抑制活性，最小抑菌浓度分别为 $12\mu mol/L$ 和 $20\mu mol/L$，而 Japonicin - 1 只对大肠杆菌有活性，最小抑菌浓度为 $20\mu mol/L$（Kim et al.，2007）。此外，Lu 等（2010）发现云南倭蛙来源的 Japonicin - 1Npb 除对金色葡萄球菌有显著的抑制效果外，还能有效清除因紫外线照射、环境污染、氧化应激等产生的自由基。

Japonicin 抗菌肽对细菌、肿瘤等靶向细胞具有较高的选择性和稳定性，且特定种类的两栖动物分泌的 Japonicin 又具有种属间的特异性（金莉莉等，

2008），这在一定程度上丰富了抗菌肽资源库。棘腹蛙喜欢生活在潮湿的环境，环境中微生物的种类和数量都非常丰富，为了保护机体免遭外源病原微生物的侵害，棘腹蛙已经进化出了多种机制来对抗这些有害因素，如背部遍布能够分泌活性物质的窄长疣等。Japonicin‐3pb 主要分布在肝脏组织中，其表达量在不同的生长温度下基本稳定（姜玉松等，2015）。但是目前关于棘腹蛙抗菌肽，尤其是对 Japonicin 抗菌肽的研究很少。

　　本研究基于棘腹蛙皮肤转录组数据，从皮肤组织中扩增了棘腹蛙来源的 3 种 Japonicin‐pb 前体序列，通过信号肽预测和结构域分析确定了 Japonicin‐pb 的成熟肽，并研究了其在不同生长环境、组织中的表达谱，通过对棘腹蛙 Japonicin‐3pb 进行生物活性分析，为后期进一步研究棘腹蛙 Japonicin‐3pb 的抗病活性、棘腹蛙养殖过程中的疾病防控以及开发棘腹蛙的 Japonicin‐pb 抗菌肽制剂奠定基础。

一、Japonicin‐3pb 的筛选

(一) 棘腹蛙 Japonicin‐Pb 的克隆

1. 动物材料

　　棘腹蛙（西阳）生长在本实验室的流水养殖系统中，挑选健康的 2 龄成蛙，分别转移至 15、18、21、24、27、30℃的恒温箱中（各放 10 只），适应生长 30d 后采用双毁髓法处死并取其各组织，液氮保存。

2. 总 RNA 提取

　　参照 Trizol 试剂盒（Invitrogen，美国）说明书进行。分别取 50mg 液氮冷冻的棘腹蛙血液、肌肉、肝脏和皮肤组织，于预冷的研钵中迅速研磨至粉末，转移至 1.5mL 离心管中。加入 1mL Trizol 试剂，室温静置 5min，加入 $200\mu L$ 氯仿，涡旋混匀，室温放置 $3\sim5min$，待其分层，4℃，$12\,000\times g$ 离心 15min，收集水相。加入等体积预冷的异丙醇，室温放置 15min，4℃，$12\,000\times g$ 离心 10min，收集沉淀。75％的乙醇洗涤，室温晾干，加入 $30\sim50\mu L$ ddH_2O 溶解 RNA。RNA 的完整性通过 1％琼脂糖凝胶电泳检测，RNA 浓度用紫外分光光度计（Amersham，美国）测定。

3. 第一链 cDNA 的合成

　　cDNA 合成根据 Roche 第一链 cDNA 合成试剂盒（Transcriptor First Strand cDNA Synthesis Kit，Roche，德国）说明书进行。在 0.5mL 无 RNA 酶离心管中加入 $3\mu L$ 总 RNA，$1\mu L$ 核苷酸引物（50 μM），$9\mu L$ 无 RNA 酶水。将混合物 65℃ 10min，冰上冷却 2min，离心，加入 $4\mu L$ 5×第一链缓冲液、$0.5\mu L$ RNA 酶抑制剂（40U/μL）、$2\mu L$ 脱氧核糖核苷酸混合物（10mol/L），$0.5\mu L$ 逆转录酶（20 U/μL）。混合物颠倒混匀，25℃、10min，50℃、60min，85℃、5min，终止反应。所得第一链 cDNA 产物可稀释后或直接用于 PCR 反应。

4. Japonicin‑Pb 的克隆

从 GenBank 数据库下载已公布的其他物种来源 Japonicin 氨基酸序列，利用 DNASTAR 软件分析寻找其保守区域，以保守区域搜索本实验室构建的棘腹蛙转录组本地 Blast 数据库，从而找出编码棘腹蛙 Japonicin‑Pb 的转录本，根据搜索到的转录本设计特异性引物进行 PCR 扩增。PCR 扩增采用 25μL 体系。在 0.2mL 的 EP 管中按下列组分配成 PCR 反应体系：2.5μL 10×PCR 缓冲液，1.5μL Mg^{2+}（25 mol/L），2.5μL 脱氧核糖核苷三磷酸混合物（2 mol/L），0.5μL 上游引物（10 μmol/L），0.5μL 下游引物（10μmol/L），0.5μL KOD‑Plus‑Neo（1U/μL）（TOYOBO，日本），1 μL 反转录产物，16μL ddH$_2$O，混匀后瞬离。PCR 反应条件为：94℃预变性 2min；98℃、10s，56℃、30s，68℃、1min，32 个循环；68℃后延伸 1min。PCR 产物经 1.5% 琼脂糖凝胶电泳检测后用 DNA 凝胶回收试剂盒（AXYGEN，美国）进行回收。PCR 产物回收后连接 T 载体 PMD‑19（TARAKA，日本）转化 DH5α 菌株，过夜培养后挑选单克隆送交测序公司（GENEWIZ，北京）进行序列测定。

通过 GenBank 数据库中下载的 Japonicin 序列，利用 DNASTAR 软件分析，以保守区域 MFTLKKSL 和 LLFFLGMISLSLCK 来搜索棘腹蛙转录组本地 Blast 数据库（E 值设为 0.1），成功搜索到 3 条编码 Japonicin 的 Contig 转录本，分别为 Contig_59031、Contig_41711 和 Contig_54325。这 3 条 Contig 转录本含有相同的长度为 135bp 的 3′‑UTR、完整的 ORF 序列，以及长度分别为 146bp、446bp 和 236bp 的 5′‑UTR。这 3 条 Contig 转录本所编码的 ORF 长度不同，分别为 231bp、219bp 及 195bp。

为了进一步验证这 3 条 Contig 转录本所编码的 ORF 确实存在于棘腹蛙皮肤组织中，分别设计了特异性引物进行 PCR 克隆及测序，测序结果表明这 3 条 ORF 均存在与棘腹蛙皮肤组织中，长度分别为 231bp、219bp 和 195bp（图 6‑21），分别编码 76、73、65 个氨基酸残基，与转录组组装结果一致。比对 3 者的氨基酸序列，表明 N 端前 50 个氨基酸残基高度一致，C 端序列高度异质（图 6‑22），因此确定为棘腹蛙来源的 3 种不同 Japonicin。Contig_59031、Contig_41711 的成熟肽中含有 2 个半胱氨酸，因此二者

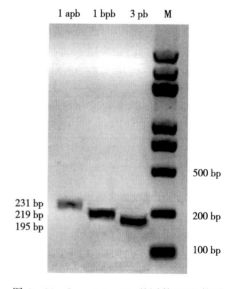

图 6‑21　Japonicin‑Pb 基因的 PCR 扩增
1apb：Japonicin‑1apb　1bpb：Japonicin‑1apb
3pb：Japonicin‑pb　M：标准分子量，BM5000

属于 Japonicin - 1 类抗菌肽,分别命名为 Japonicin - 1apb 和 Japonicin - 1bpb。Contig _ 54325 成熟肽中不存在半胱氨酸,明显区别与 Japonicin - 1 和 Japonicin - 2,可能是一种未见报道的新型抗菌肽,命名为 Japonicin - 3pb。

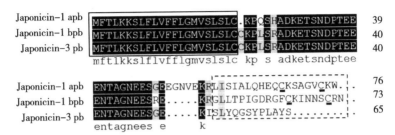

图 6 - 22　棘腹蛙源 Japonicin - 1apb、Japonicin - 1bpb
和 Japonicin - 3pb 氨基酸序列的比对

注:实线方框内为信号肽序列;虚线方框内为抗菌肽的成熟肽序列;黑短线为形成二硫键的半胱氨酸残基。

(二) 3 种 Japonicin - Pb 的差异表达

1. 3 种 Japonicin - Pb 在不同生长温度下的差异表达

根据 3 种 Japonicin - Pb 的核苷酸序列差异,设计分别扩增 Japonicin - 1apb、Japonicin - 1bpb 和 Japonicin - 3pb 的特异性引物。以 15、18、21、24、27、30℃ 环境下适应生长 30 d 的棘腹蛙皮肤组织 cDNA 为模版,利用实时荧光 PCR (Real - time PCR,LightCycler Nano System,Roche,德国) 分别扩增 Japonicin - 1apb,Japonicin - 1bpb 及 Japonicin - 3pb 的 ORF 序列。根据荧光定量试剂盒 (Faststar essential DNA Green Master,Roche,德国) 说明书配制 20 μL 的反应体系。PCR 反应条件为:95℃ 预变性 10min;95℃、10s、52℃、10s、72℃、30s,40 个循环。扩增 Japonicin - 1apb、Japonicin - 1bpb 和 Japonicin - 3pb 和内参基因 β - actin 的引物 (表 6 - 11)。

表 6 - 11　实验所用引物序列

引物	序列	扩增长度/bp	目的
JAP _ F	ATGTTCACCTTGAAGAAGTCC	231	扩增 Japonicin - 1apb 的 ORF
JAP _ 1aR	TCACCATTTGCAGACGCC		
JAP _ F	ATGTTCACCTTGAAGAAGTCC	219	扩增 Japonicin - 1bpb 的 ORF
JAP _ 1bR	TCAATTTCTACAAGAGTTATTAA		
JAP _ F	ATGTTCACCTTGAAGAAGTCC	195	扩增 Japonicin - 3pb 的 ORF
JAP _ 3R	TCAGCTGTACGCTAGAGG		
Actin _ F	TATGGAGAAAATCTGGCACC	205	内参照
Actin _ R	TGGCTTTGCAGGAGATGAT		

为了解 Japonicin - 1apb、Japonicin - 1bpb 及 Japonicin - 3pb 对不同生长温度的响应规律，利用相对定量 PCR 进行分析，结果显示，温度的变化显著地影响了 Japonicin - 1apb 的表达，其表达量与生长温度呈现相关性，而 Japonicin - 1bpb 和 Japonicin - 3pb 的表达对温度的响应不敏感（图 6 - 23）。从 15℃ 到 30℃，在 mRNA 水平上，Japonicin - 1bpb 的表达量增加了 4.32 倍，Japonicin - 1bpb 的表达量仅增加了 1.73 倍，Japonicin - 3pb 的表达量一直维持在一个较低的水平，基本没有变化。

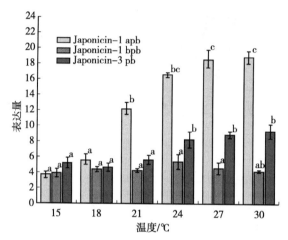

图6 - 23 不同生长温度下棘腹蛙皮肤组织中 3 种 Japonicin - pb 的差异表达

2. 3 种 Japonicin - Pb 在不同组织的差异表达

以在 21℃ 环境下适应生长 30 d 的棘腹蛙组织（血液、肌肉、肝脏和皮肤）cDNA 为模版，利用实时荧光 PCR 检测 Japonicin - 1apb、Japonicin - 1bpb 及 Japonicin - 3pb 在各组织中的相对表达量。

了解 Japonicin - 1apb、Japonicin - 1bpb 及 Japonicin - 3pb 抗菌肽在不同组织的分布规律，能够为棘腹蛙免疫功能和免疫机制的研究提供基础。利用相对定量 PCR 的方法分别检测了 Japonicin - 1apb、Japonicin - 1bpb 及 Japonicin - 3pb 在血液、肌肉、肝脏、皮肤组织中的表达量，结果显示 Japonicin - 1apb 主要分布在皮肤组织，Japonicin - 3pb 在肝脏中的表达较高，而 Japonicin - 1bp 在各组织中的表达差异不明显（图 6 - 24）。

（三）Japonicin - Pb 的进化

用 DNASTAR 软件进行 ORF 分析；在 GenBank 中下载其他物种来源的 Japonicin 的氨基酸序列，经 DNASTAR 软件比对确定其保守区域，用 MEGA5.0 软件绘制系统进化树。

利用 MEGA 5.0 软件的邻接法构建了棘腹蛙源 3 种 Japonicin - Pb 与其他物种

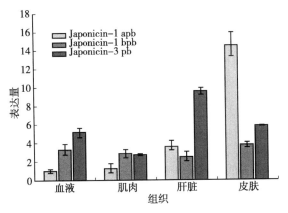

图 6-24 棘腹蛙不同组织中 3 种 Japonicin - Pb 的差异表达

的 Japonicins 氨基酸序列之间的进化关系（图 6-25）。从图中可以看到，棘腹蛙源的 3 种 Japonicins 聚成一簇而与其他物种的进化关系较远。在 3 种 Japonicin - pb 中，相比 Japonicin - 1apb、Japonicin - 3pb 和 Japonicin - 1bpb 具有更相似的序列。

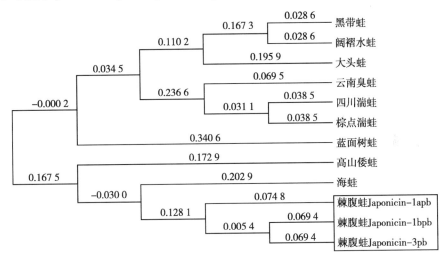

图 6-25 棘腹蛙来源的 3 种 Japonicin - Pb 氨基酸序列的系统进化树分析

注：分支上的数值代表置信值。

二、Japonicin - 3pb 的抑菌效果分析

（一）抑菌实验处理

1. 实验材料与试剂

抗菌肽 Japonicin - 3pb 由强耀生物科技有限公司合成。标准菌株：沙门氏菌、大肠杆菌、金黄色葡萄球菌。实验室分离菌株：金黄杆菌、肺炎克雷伯氏

菌、希瓦氏菌、嗜水单孢菌、柠檬酸杆菌。试剂：1mol/L 的氯化钠、氯化钾、0.1mol/L 的氯化钙、氯化镁、三氯化铁母液，去离子水（RO），75％酒精，醋酸-醋酸钠缓冲液（pH4～5），磷酸二氢钾-氢氧化钠缓冲液（pH6～7），Tris-盐酸缓冲液（pH8～9），碳酸氢钠-氢氧化钠缓冲液（pH10～11），灭菌 LB 固体培养基（酵母提取物 5g，氯化钠 20g，胰蛋白胨 10g，琼脂 20g，蒸馏水 1 000mL，121℃高压灭菌 15min，冷却后分装，配制药品购自英国 OXOID 公司），SS 培养基（购自于杭州微生物试剂有限公司），MH 培养基（杭州天和微生物试剂有限公司）。其他物品还包括：1.5mL EP 管、2mL EP 管培养皿、96 孔板、各种型号枪头、200μL 移液枪、1 000mL 移液枪、泡沫塑料盒、温度计、三角瓶。实验主要仪器设备：电子分析天平（上海凌仪生物科技有限公司）、UPT-Ⅱ超纯水器（四川优普超纯水科技有限公司）、YM50 立体式压力蒸汽灭菌器（上海三申医疗器械有限公司）、SW-CJ-ZD 双人单面净化工作台（苏州净化设备有限公司）、ZWY-240 恒温培养箱振荡器（上海智诚分析仪器制造有限公司）、UV100Ⅱ单光束紫外可见分光光度计（上海天美科学仪器有限公司）酶标仪、烘箱、恒温培养箱。

2. 菌株的活化

在超净工作台上进行无菌操作，取培养皿若干装入已灭菌的 LB 培养基（沙门氏菌用 SS 培养基，无需灭菌），待其凝固以后，在无菌条件下用画线法将供试菌种移接到相应的培养基平板上，放入培养箱中，于 37℃培养 12～24h。

3. 菌液的培养

取 8 个无菌的 2mL EP 管，加入 1mL MH 肉汤，分别挑取单个菌落于肉汤中，37℃、200r，培养 2h；得到菌液。取 32 个无菌的 2mL EP 管，加入 1.6mL MH 肉汤，分别吸取 200μL 菌液于肉汤中，37℃、100r 培养，每隔 0.5h 测 1 次 OD_{600}。

4. OD_{600}测定

利用紫外分光光度仪测定 OD 值，MH 肉汤调整菌液浓度使 OD_{600} 落在 0.08～0.10，此时菌液浓度约 $10^8 CFU/mL$。

5. 上样菌液稀释

将待测菌液（$10^8 CFU/mL$）稀释 1 000 倍，此时菌液浓度约为 $10^5 CFU/mL$，此时的菌液为上样菌液。

6. 抗菌肽制备（上样药液）

称取一定量的抗菌肽粉末，使用 30％的醋酸溶解抗菌肽至 5 120μg/mL，高压灭菌后，分装在 EP 管中，加样前稀释 10 倍。

7. 抑菌试验

在无菌 96 孔板第一至第十二列加入灭菌 MH 肉汤 100μL；第一列加入 10 倍稀释的药液 100μL，逐次倍比稀释至第十一列，此时每孔液体体积为 100μL。

再在每孔中加入待测菌液 $100\mu L$，每孔液体终体积为 $200\mu L$；无菌 96 孔板的第十二列上加入 $100\mu L$ 菌液作为阳性对照。药物和菌液上样完毕后，盖好板盖，置 37℃温箱培养 14～18h。

8. 结果判定

利用酶标仪测定结果，OD 值显示的菌液浓度突变点为最低抑菌浓度。

（二）抑菌效果

新型抗菌肽 Japonicin - 3pb 对沙门氏菌、大肠杆菌、金黄色葡萄球菌、金黄杆菌、肺炎克雷伯氏菌、希瓦氏菌、嗜水单孢菌、柠檬酸杆菌 8 种菌株的抑菌效果见表 6 - 12。

表 6 - 12　Japonicin - 3pb 的抑菌效果

致病菌	抗菌肽终浓度											
	256 μg/mL	128 μg/mL	64 μg/mL	32 μg/mL	16 μg/mL	8 μg/mL	4 μg/mL	2 μg/mL	1 μg/mL	0.5 μg/mL	0.25 μg/mL	0 μg/mL
金黄杆菌	0.556	0.620	0.664	0.598	0.634	0.645	0.639	0.646	0.654	0.656	0.666	0.692
肺炎克雷伯氏菌	0.701	0.698	0.717	0.723	0.729	0.733	0.738	0.742	0.745	0.760	0.778	0.828
金黄色葡萄球菌	0.480	0.494	0.523	0.535	0.520	0.520	0.520	0.532	0.519	0.656	0.524	0.574
希瓦氏菌	0.482	0.495	0.519	0.509	0.510	0.522	0.517	0.525	0.521	0.515	0.522	0.580
大肠杆菌	0.671	0.699	0.671	0.675	0.659	0.666	0.675	0.684	0.679	0.653	0.659	0.690
嗜水单孢杆菌	0.768	0.740	0.736	0.759	0.742	0.735	0.767	0.752	0.735	0.752	0.764	0.793
柠檬酸杆菌	0.553	0.577	0.575	0.625	0.568	0.570	0.592	0.596	0.599	0.603	0.609	0.593
沙门氏菌	0.528	0.538	0.549	0.564	0.559	0.553	0.553	0.543	0.550	0.555	0.556	0.593

由图 6 - 26 可知，抗菌肽 Japonicin - 3pb 对沙门氏菌、大肠杆菌、金黄色葡萄球菌、金黄杆菌、肺炎克雷伯氏菌、希瓦氏菌、嗜水单孢菌、柠檬酸杆菌 8 种菌株抑菌效果均不明显。

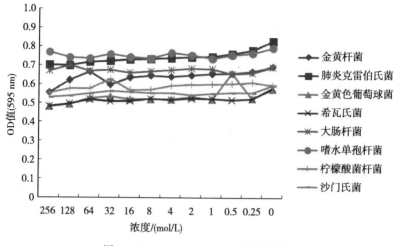

图 6-26　Japonicin-3pb 的抑菌效果

三、Japonicin-3pb 活性的影响因素

（一）金属离子对抗菌肽 Japonicin-3pb 活性的影响

用去离子水配制 1mol/L 的氯化钠、氯化钾，0.1mol/L 的氯化钙、氯化镁。大肠杆菌画线后过夜培养，培养大小适宜，用 EP 管摇菌，至 $OD_{600}=0.08\sim0.10$，上样时稀释 500 倍。分别稀释氯化钠、氯化钾母液至 0.2mol/L、0.04mol/L，氯化钙、氯化镁、三氯化铁母液至 0.02mol/L、0.004mol/L。在 96 孔板上样（金属离子 50μL、抗菌肽 50μL、菌液 50μL、MH 肉汤 50μL），每种金属离子不同浓度重复两次，每组两个对照（一个不加金属离子，用去离子水代替，一个不加抗菌肽用去离子水代替）。过夜培养，观察结果。

测定 Na^+、K^+、Mg^{2+}、Ca^{2+}、Fe^{3+} 对抗菌肽 Japonicin-3pb 抑菌活性的影响，测试菌种为大肠杆菌和金黄色葡萄球菌，Na^+、K^+ 的上样浓度分别为 0.04mol/L、0.2mol/L、1mol/L，Mg^{2+}、Ca^{2+}、Fe^{3+} 的上样浓度分别为 0.004mol/L、0.02mol/L、0.1mol/L，抗菌肽终浓度为 256μg/ml，培养时间 12~14h。

由图 6-27 可知，在浓度为 0.05mol/L 时，Na^+ 对大肠杆菌的生长有促进作用，在浓度为 0.01mol/L 和 0.25mol/L 时，Na^+ 对大肠杆菌有抑制作用；Japonicin-3pb 在 Na^+ 的作用下，对大肠杆菌的生长有抑制作用，但作用效果不明显。由图 6-28 可知，在浓度为 0.05mol/L 时，Na^+ 对金黄色葡萄球菌的生长有促进作用，在浓度为 0.01mol/L 和 0.25mol/L 时，Na^+ 对金黄色葡萄球菌有抑制作用。Japonicin-3pb 在 Na^+ 浓度为 0.01mol/L 时，对金黄色葡萄球菌的生长有促进作用，作用效果不明显，在 Na^+ 浓度为 0.05mol/L 和 0.25mol/L 时，对金黄色葡萄球菌的生长有抑制作用，且作用效果不明显。结果表明，Na$^+$ 对大肠杆菌和金黄色葡萄球菌的生长有抑制作用，对 Japonicin - 3bp 的影响较小。

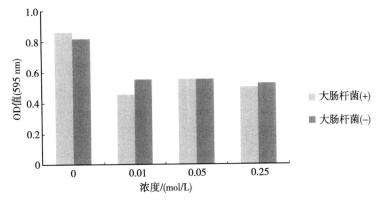

图 6 - 27　Na$^+$ 在大肠杆菌中对 Japonicin - 3pb 抑菌活性的影响
注："＋"表示有抗菌肽，"－"表示无抗菌肽。

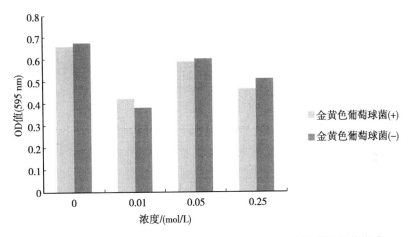

图 6 - 28　Na$^+$ 在金黄色葡萄球菌中对 Japonicin - 3pb 抑菌活性的影响
注："＋"表示有抗菌肽，"－"表示无抗菌肽。

由图 6 - 29 可知，K$^+$ 浓度升高，对大肠杆菌的生长的作用效果不明显；Japonicin - 3pb 在 K$^+$ 的作用下，对大肠杆菌基本没有抑菌效果。由图 6 - 30 可知，在浓度为 0.05mol/L 时，K$^+$ 对金黄色葡萄球菌的生长有抑制作用；Japonicin - 3pb 在 K$^+$ 的作用下，对金黄色葡萄球菌有抑制效果，但效果不明显。结果表明，K$^+$ 对大肠杆菌和金黄色葡萄球菌的生长有抑制作用，对 Japonicin - 3pb 的影响较小。

由图 6 - 31 可知，随着 Mg^{2+} 浓度升高，大肠杆菌的生长越好；Japonicin - 3pb 在 Mg^{2+} 的作用下，在浓度为 0.25mol/L 时，对大肠杆菌的生长抑制效果明显，

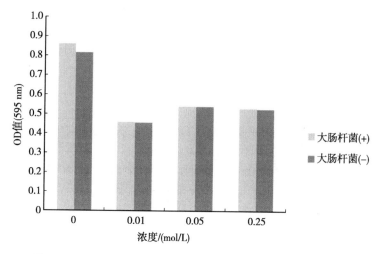

图 6 - 29　K^+ 在大肠杆菌中对 Japonicin - 3pb 抑菌活性的影响
注："＋"表示有抗菌肽，"—"表示无抗菌肽。

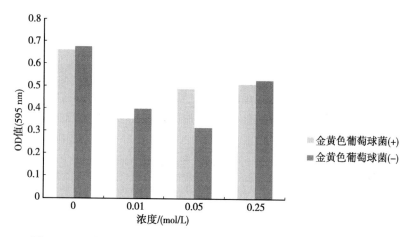

图 6 - 30　K^+ 在金黄色葡萄球菌中对 Japonicin - 3pb 抑菌活性的影响
注："＋"表示有抗菌肽，"—"表示无抗菌肽。

其余条件下，无明显抑菌效果。由图 6 - 32 可知，在一定范围内，随着 Mg^{2+} 浓度升高，先抑制金黄色葡萄球菌的生长，而后促进其生长；Japonicin - 3pb 在 Mg^{2+} 浓度为 0.25mol/L 时，对金黄色葡萄球菌有抑制作用，在浓度为 0.01mol/L 和 0.05mol/L 时，对含黄色葡萄球菌起到促进生长的作用。结果表明，Mg^{2+} 对大肠杆菌和金黄色葡萄球菌的生长起抑制的作用，且抑制效果随着 Mg^{2+} 浓度增大减弱；Mg^{2+} 对 Japonicin - 3pb 的影响较小。

由图 6 - 33 可知，Ca^{2+} 浓度的增加，对大肠杆菌的生长有抑制作用；Japonicin - 3pb 在 Ca^{2+} 的作用下，对大肠杆菌的作用效果不明显。由图 6 - 34 可知

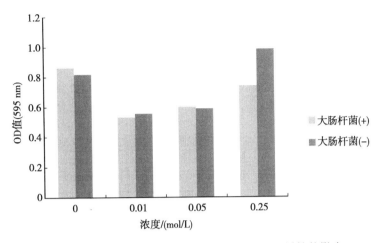

图 6-31　Mg²⁺ 在大肠杆菌中对 Japonicin-3pb 活性的影响

注："＋"表示有抗菌肽，"－"表示无抗菌肽。

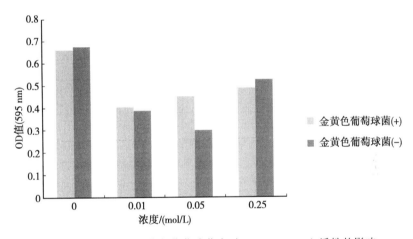

图 6-32　Mg²⁺ 在金黄色葡萄球菌中对 Japonicin-3pb 活性的影响

注："＋"表示有抗菌肽，"－"表示无抗菌肽。

Ca^{2+} 浓度的增加，对金黄色葡萄球菌的生长有促进作用；Japonicin-3pb 在 Ca^{2+} 浓度为 0.25mol/L 时，抑制金黄色葡萄球菌的生长，在 Ca^{2+} 浓度为 0.01mol/L 和 0.05mol/L 时，对金黄色葡萄球菌的生长起促进作用。结果表明，Ca^{2+} 对大肠杆菌和金黄色葡萄球菌的生长起抑制作用，Ca^{2+} 对 Japonicin-3bp 的影响较小。

　　由图 6-35 可知，在一定范围内，Fe^{3+} 浓度增加，先促进大肠杆菌的生长而后抑制其生长；Japonicin-3pb 在 Fe^{3+} 的作用下，对大肠杆菌的抑菌作用效果不明显。由图 6-36 可知，在一定范围内，Fe^{3+} 浓度增加，先促进金黄色的生长而后抑制其生长；Japonicin-3pb 在 Fe^{3+} 的作用下，金黄色葡萄球菌的抑菌作用效果不明显。结果表明，Fe^{3+} 对该抗菌肽的影响较小。

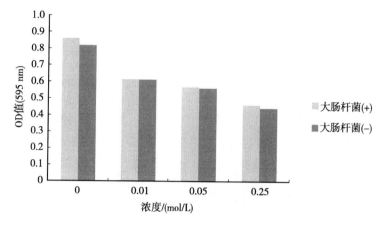

图 6-33　Ca^{2+} 在大肠杆菌中对 Japonicin-3pb 活性的影响
注："+"表示有抗菌肽，"-"表示无抗菌肽。

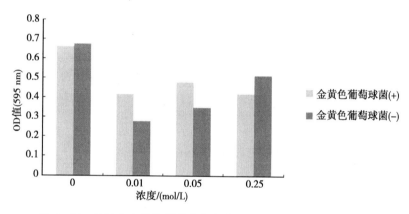

图 6-34　Ca^{2+} 在金黄色葡萄球菌中对 Japonicin-3pb 活性的影响
注："+"表示有抗菌肽，"-"表示无抗菌肽。

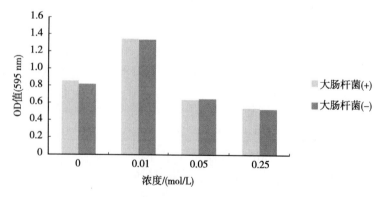

图 6-35　Fe^{3+} 在大肠杆菌中对 Japonicin-3pb 活性的影响
注："+"表示有抗菌肽，"-"表示无抗菌肽。

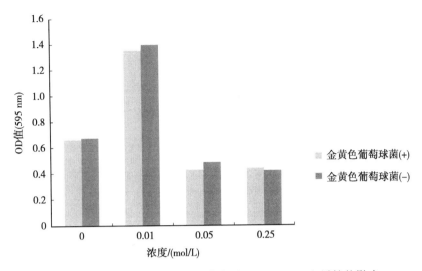

图 6-36　Fe^{3+} 在金黄色葡萄球菌中对 Japonicin-3pb 活性的影响

注：“＋”表示有抗菌肽，“－”表示无抗菌肽。

(二) 抗菌肽 Japonicin-3pb 的热稳定性

画线培养大肠杆菌，取 1 个 2mL 灭菌 EP 管，加入 1mL MH 肉汤，用接种环挑取单个菌落于肉汤中，37℃，200r，培养 2h 得菌液。取 3 个 2mL EP 管分别加入 1.6mL MH 肉汤，取 200μL 菌液于其中，37℃，100r 培养，每隔 0.5h 测 OD_{600}，MH 肉汤调整菌液浓度，使其 OD_{600} 落在 0.08～0.10。将此菌液稀释 1 000 倍待用。抗菌肽溶解于灭菌的去离子水中，稀释至最低抑菌浓度，取 10μL 抗菌肽分别放于室温，37、50、70、90、121℃下保温 15min，在 96 孔板里中各加入 50 μL MH 肉汤，再加入处理过的抗菌肽（每种抗菌肽点 5 个孔）50μL、菌液（10^5 CFU/mL）100μL，对照组：不加抗菌肽的点 1 个孔，常温抗菌肽的 1 个孔（共 2 个孔），37℃培养 12h（共需 7×2×3 个孔）后用酶标仪检测（主波长 595nm）。

用 37、50、70、90、121℃等温度测定不同温度对 Japonicin-3pb 抑菌活性的影响，用常温下 Japonicin-3pb 的抑菌效果做对照，Japonicin-3pb 浓度为 32μg/mL，在不同温度下处理 15min。

由图 6-37 可知，Japonicin-3pb 经不同温度处理后，对大肠杆菌的生长起抑制作用，其抑菌活性随温度增加而增强，但在 121℃处理 15 min 后，抗菌肽仍具有抑菌活性，但抑菌效果不明显，这表明该抗菌肽热稳定性较强。

(三) Japonicin-3pb 的酸碱稳定性

画线培养大肠杆菌（第一天晚上）。然后取一个 2mL 灭菌 EP 管，加 1mL

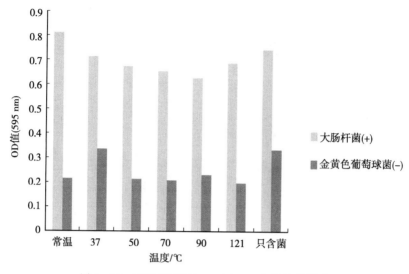

图 6-37　不同温度对 Japonicin-3pb 活性的影响

MH 肉汤，用接种环挑取单个菌落于肉汤中，37℃ 200r 培养 2h 得菌液。取 3 个 2mL EP 管分别加入 1.6mL MH 肉汤、200μL 菌液，37℃、100r 培养，每隔 0.5h 测其 OD_{600}，用 MH 肉汤调整菌液浓度使其 OD_{600} 落在 0.08～0.10。将此菌液稀释 1 000 倍待用。配制 0.1mol/L 醋酸-醋酸钠缓冲液（pH4～5）、磷酸二氢钾-氢氧化钠缓冲液（pH6～7）、Tris-盐酸缓冲液（pH8～9）、碳酸氢钠-氢氧化钠缓冲液（pH10～11）。将 Japonicin-3pb 分别加入各缓冲液等体积混合后使其体积为 50μL（用 150μL 的 EP 管），在 96 孔板的孔中各加入 50μL MH 肉汤，再加入混合液（Japonicin-3pb 和不同 pH 的混合液）50μL，菌液（10^5 CFU/mL）100μL，每种菌点 4 个孔，对照 2 个孔（不加抗菌肽 1 个孔，只有抗菌肽 1 个孔），37℃ 培养 12h（共需 6×2×3 孔）后，用酶标仪检测（主波长 595nm）。

用醋酸-醋酸钠缓冲液将 pH 调至 4～5，用酸二氢钾-氢氧化钠缓冲液将 pH 调至 6～7，用 Tris-盐酸缓冲液将 pH 调至 8～9，用碳酸氢钠-氢氧化钠缓冲液将 pH 调至 10～11；空白对照 OD_{595}＝0.139。

由图 6-38 可知，在一定范围内，pH 增加，会先促进大肠杆菌的生长，而后抑制大肠杆菌的生长；Japonicin-3pb 在不同 pH 的作用下，在一定范围内，随着 pH 的增加，对大肠杆菌的生长起促进作用。由图 6-39 可知，在一定范围内，pH 增加，会先促金黄色葡萄球菌的生长，而后抑制金黄色葡萄球菌的生长；在一定范围内，随着 pH 的增加，Japonicin-3pb 对金黄色葡萄球菌的生长起抑制作用。结果表明，pH 对大肠杆菌和金黄色葡萄球菌的生长影响较大，对 Japonicin-3pb 的抑菌效果影响较小。

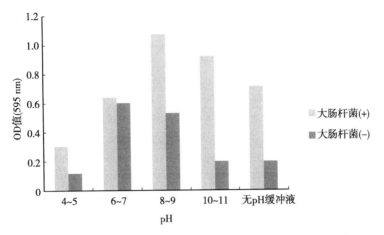

图 6 - 38　不同 pH 在大肠杆菌中对 Japonicin - 3pb 活性的影响

注："+"表示有抗菌肽,"-"表示无抗菌肽。

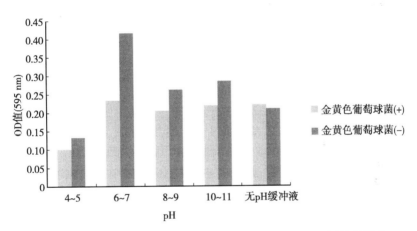

图 6 - 39　不同 pH 在金黄色葡萄球菌中对 Japonicin - 3pb 活性的影响

注："+"表示有抗菌肽,"-"表示无抗菌肽。

第五节　小　　结

抗菌肽是两栖动物先天性免疫系统的重要组成成分,具有抗菌、抗病毒、抑制肿瘤等多种生物学功能。抗菌肽独特的抗菌机制,不易诱发细菌的耐药性,是具有巨大发展潜力的新型抗菌药物。基于棘腹蛙皮肤转录组数据库,通过 RT - PCR 方法从棘腹蛙皮肤组织中克隆到了编码 Cathelicidin - Pb 前体的核苷酸序列,其完整 ORF 长度为 441bp,编码 146 个氨基酸残基。通过信号肽预测和结构域查找比对,发现 Cathelicidin - Pb 前体包含 N 端 20 个氨基酸残基的信号肽、

101 个氨基酸残基的中间间隔区（cathelin 结构域）和 25 个氨基酸残基的成熟抗菌肽。进一步研究发现，在适度高温范围内，皮肤组织中 Cathelicidin - Pb 的表达随着生长环境温度的升高而逐渐增加，但是当环境温度超过 27℃后，其表达量急剧降低；Cathelicidin - Pb 主要在皮肤组织中表达，在肌肉组织和血液组织的表达量较低。在筛选出抗菌肽 Cathelicidin - Pb 的基础上，对该抗菌肽进行活性探究，测定 Cathelicidin - Pb 对大肠杆菌、金黄色葡萄球菌等 8 种菌的最小抑菌浓度，在不同金属离子（Na^+、K^+、Fe^{3+}、Ca^{2+}、Mg^{2+}），不同温度（25、37、50、70、90、121℃），不同 pH（4～5、6～7、8～9 和 10～11）情况下研究棘腹蛙皮肤抗菌肽 Cathelicidin - Pb 的活性。结果表明，棘腹蛙皮肤抗菌肽 Cathelicidin - Pb 的抑菌效果不明显，不适合作为临床医学等的研究对象。

为了解棘腹蛙 LEAP - 2 的生物活性，本研究主要从转录组数据库中筛选出棘腹蛙 LEAP - 2 的成熟肽氨基酸序列，以此合成成熟肽；利用金黄色葡萄球菌、大肠杆菌和沙门氏菌标准菌株，以及实验室分离的金黄杆菌、柠檬酸杆菌等棘腹蛙致病菌为指示菌进行活性检测；在不同温度、不同 pH、不同金属离子环境下，探究其活性的影响因素。结果显示，金黄杆菌和希瓦氏菌的最小抑菌浓度测定结果不显著，其余菌种的最小抑菌浓度均表现为 $80\mu L/mg$；不同温度条件对 LEAP - 2 影响效果不明显；在 pH10～11 区间，其抗菌活性减弱；Na^+、Mg^{2+}、Ca^{2+} 对其有一定抑制作用。

利用 RT - PCR 从棘腹蛙皮肤组织中克隆 Japonicin - pb 前体序列，通过结构域比对的方法分析其结构。利用 Real - time PCR 检测 3 种 Japonicin - pb 在不同生长温度（15、18、21、24、27、30℃）及组织（血液、肌肉、肝脏和皮肤）的表达图谱。克隆到的 3 种 Japonicin - pb 前体序列的结构域比对表明，3 者拥有相同的 N 端信号肽和中间间隔区，长度分别为 19、20、12 个氨基酸残基的肽序列，命名为 Japonicin - 1apb、Japonicin - 1bpb 和 Japonicin - 3pb。Japonicin - 1apb 主要在皮肤组织中表达，且表达量随着生长温度的升高而逐渐增加；Japonicin - 1bpb 在不同组织或生长温度下的表达差异均不显著；Japonicin - 3pb 主要在肝脏中表达，对生长温度的响应不敏感。进而测定 Japonicin - 3pb 对沙门氏菌、大肠杆菌、金黄色葡萄球菌、金黄杆菌、肺炎克雷伯氏菌、希瓦氏菌、嗜水单孢菌、柠檬酸杆菌 8 种菌的最小抑菌浓度、金属离子对该抗菌肽活性的影响，以及抗菌肽 Japonicin - 3pb 的热稳定性和酸碱稳定性。结果表明，Japonicin - 3pb 的抑菌效果不明显，Na^+、K^+、Mg^{2+}、Ca^{2+}、Fe^{3+} 对该抗菌肽的抑菌效果也不明显，该抗菌肽的热稳定性较好，pH 对该抗菌肽的影响较小，因此不适于直接用于临床治疗方面，对其他方面的抑菌活性还有待于进一步研究。这些结果为丰富蛙类抗菌肽资源库和棘腹蛙源 Cathelicidin - Pb、LEAP - 2、Japonicin - pb 3 种抗菌肽的开发后续功能研究提供了重要的线索。

第七章

▲ 水温对棘腹蛙蝌蚪生长的影响
的转录组分析

棘腹蛙在许多地方被饲养，作为一种珍贵的美食被消费。近年来的研究表明，水温是影响养殖棘腹蛙蝌蚪生长和变态的非常重要的环境因素。然而，蝌蚪对水温的响应分子机制尚不清楚。本研究分析了饲养在不同水温条件下棘腹蛙蝌蚪的生理变化和转录组差异，为棘腹蛙蝌蚪筛选出一个适宜的饲养温度，并有助于理解蝌蚪对不同饲养温度的反应分子机制。

第一节　水温对棘腹蛙蝌蚪的生长影响

一、棘腹蛙蝌蚪生长不同水温处理

实验所用的棘腹蛙蛙卵来自四川省宜宾市巩县。棘腹蛙的自然栖息地属于亚热带湿润季风气候区，气候温暖，年平均水温 17.5℃，最高气温 26.8℃，最低水温 7.8℃。本研究的重点主要是在不同水温下棘腹蛙的生长而不是变态发育。在不同水温条件下进行表型测定前，首先饲养棘腹蛙蝌蚪 10d（21℃），当所有蝌蚪都处于戈斯纳 25（Gosner 25）期时，再随机选取 60 只蝌蚪分为 3 组（每组20 只），分别在 15、21、27℃ 的水温下生长。使用 YSI 55 手持式测量仪（Yellow Springs Instruments，美国）监测溶解氧维持在 0.01mg/L，并用含有约 30% 蛋白质的市售饲料喂养蝌蚪，其他饲养条件各组相同。每组随机选择10 只蝌蚪，每 10d 观察记录 1 次蝌蚪平均体长、体宽、体重的变化。利用 SPSS25.0 统计软件分析数据，利用 von Bertalanffy 模型对生长曲线进行预测研究（Kyriakopoulou - Sklavounou et al.，2008）。

共选取 6 个时间点（0、2、5、8、10、20d）进行不同温度处理后生长激素含量的检测。对于每一种激素样本，在安乐死处理（200mg/L 的三卡因甲烷磺酸盐溶液，pH＝7）后立即测量每只蝌蚪的体长、体宽和体重。然后用液氮将蝌蚪整体分别在不同试管中快速冷冻，并储存在 -80℃ 下用于激素分析。称取每只蝌蚪的重量，将其切碎后置于 5mL 0.7% 氯化钠溶液中（预先准备并储存在 -20℃环境下）。随后，用组织匀浆机（破碎 4 次，每次 15s）使样品均匀化并旋转1min。随后，样品在 1 000×g，4℃ 条件下离心 15 min，将所得上清液转移到玻璃管中。所有的组织操作都在冰上进行。然后对剩余的颗粒重复上述操作，并合并收集的上清液。对于每个样品上清液，将获得的总体积进行定量，并分装为每管 200μL，在 -80℃ 储存用于检测。按照操作规程，用生长激素酶联免疫吸附测定试剂盒（Spbio 公司）测定组织匀浆中生长激素含量。

二、不同水温下棘腹蛙蝌蚪生长情况

在不同水温处理 20d 后，各组棘腹蛙蝌蚪体长开始出现显著性差异（$P<0.05$）（15℃、26.44mm；21℃、27.23mm；27℃、25.37mm）（图 7 - 1A）。另外，在不同温度下处理（15℃、21℃、27℃）20d 后，蝌蚪宽度［15℃、6.46mm；21℃、7.52mm；27℃、6.13mm（$P<0.05$）］和体重［15℃、0.196g；21℃、0.276g；27℃、0.191g（$P<0.05$）］也表现出显著差异（图 7 - 1B、C）。处理 20d 后蝌蚪的表型如图 7 - 1D 所示。饲养 90d 后，21℃组的蝌蚪体长（48.83mm）、体宽（10.1mm）和体重（0.821 g）均显著高于 15℃组（长度 41.84mm、宽度 8.76mm、重量 0.581g）和 27℃（长度 33.05mm、宽度 8.17mm、重量 0.306g）（$P<0.01$）（图 7 - 1A、B、C）。只控制蝌蚪生长和分化的总体速率，环境就可能导致形态变化。在不同食物水平下饲养的幼龄树蛙，在一般较大的体型下，腿长没有差异，但头部宽度有差异（Blouin et al.，2000）。此外，来自美国的 14 个雨蛙种群的平均体型大小（Snout - Vent - Length，SVL）大致相同，但平均头宽差异高达 8%（Mackey et al.，2009）。结果进一步表明，不同的温度导致蝌蚪的宽度有很大的差异，这说明脊椎动物的度量形状可以由不同的环境控制。著名的 von Bertalanffy 模型是描述动物体重随时间变化的一类重要生长模型。个体生长符合 Bertalanffy 方程。

$$Y(t) = A \times [1 - B \times EXP(-K \times t)]^3$$

因变量 $Y(t)$ 表示 t 时的体重，t 为生长时间，A 为最终权重，B 为常数，K 为瞬时相对生长率。

用 von Bertalanffy 模型（数值见表 7 - 1）进行的生长评估表明，蝌蚪在 21℃下生长的生长速度比 15℃或 27℃时快。27℃时蝌蚪生长速度很低，40d 后开始死亡，90d 后存活蝌蚪总数不足 20 只。测定不同处理时间（0、2、5、8、10、20d）蝌蚪生长激素（GH）水平，以探讨不同温度下激素的反应。如图 7 - 2 所示，在 15℃生长的蝌蚪 GH 含量，在 0～5d，迅速从 12.8ng/g 下降到 5.5ng/g［鲜重（FW）］，然后在 5.5ng/g（FW）左右保持稳定至 20d。27℃下蝌蚪生长激素含量的变化与 15℃时的情况相似，在 0～5d，GH 含量从 12.8ng/g 降至 3.1ng/g（FW），然后稳定在 3.0ng/g（FW）左右。与此相反，在 21℃时 GH 在蝌蚪体内的含量表现出非常稳定的水平，0～20d 差异不显著。

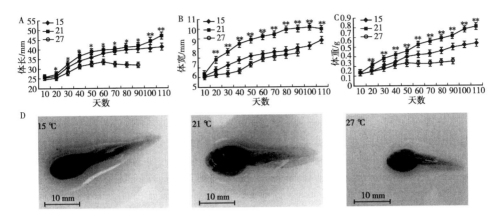

图 7-1　水温对棘腹蛙蝌蚪表型的影响

注：A、B、C 分别表示温度处理 12 周期间蝌蚪体长、体宽和体重的生长曲线（3 组分析均采用方差分析；* 代表 T21 与 T27 差异有统计学意义，$P<0.05$；** T21 与 T27、T21 与 T15 差异有统计学意义，$P<0.05$；D 展示了温度处理 4 周后蝌蚪的表型。

表 7-1　生长数据集在 SPSS 25.0 中生成的参数值

指标*	T_1（15℃）		T_2（21℃）		T_3（27℃）		R^2
	数值	标准误	数值	标准误	数值	标准误	
A	0.691	0.054	1.004	0.091	0.322	0.012	0.991
B	0.464	0.017	0.492	0.016	0.344	0.042	0.992
K	0.017	0.003	0.016	0.003	0.042	0.008	0.971

* 参数 A 和 B 分别为最终权重和常数，指数 K 表示瞬时生长率。

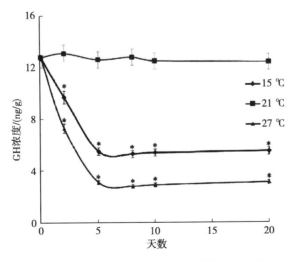

图 7-2　15、21、27℃饲养的蝌蚪的 GH 水平

注：方差分析用于分析不同时间的 GH 水平。* 某天与第零天差异显著，$P<0.05$。

上述结果表明，棘腹蛙蝌蚪在 21℃ 饲养时的生长速度显著高于 15℃ 或 27℃，这进一步证实了温度对棘腹蛙蝌蚪在变态发育前的生长有重要影响。在 3 种饲养条件中，蝌蚪在 27℃ 时饲养的生长状况最差。此外，温度对蝌蚪宽度的影响最大，其次是体重和全长（图 7-1）。这些结果与之前的报告一致，可以用"温度-尺寸规则（TSR）"来解释（Courtney Jones et al.，2015），即存在最佳热范围，温度极限通常被定义为两栖动物的临界热最小值（CT_{min}）和临界热最大值（CT_{max}）。极端温度，如 15℃ 或 27℃ 对棘腹蛙蝌蚪的生长有一定的胁迫作用，导致较低的生长率。对野生蝌蚪的研究表明，在较冷的环境温度下，早期生命阶段的生长、发育和种群受到抑制，变态发育较晚（Wheeler et al.，2015）。而据报道，高温会导致饰纹蛙的代谢率提高，细胞反应会迅速上调以应对温度胁迫。综上所述，水温在 21℃ 适宜棘腹蛙蝌蚪饲养。

第二节　不同水温下棘腹蛙蝌蚪转录组差异分析

进行转录组测序的棘腹蛙蝌蚪处理方法与前一节相同，先在 21℃ 的水温下饲养 10d，然后分别在 15、21、27℃ 中饲养。不同温度处理 24h 后，每组随机选取 5 只蝌蚪取样进行 RNA 分离。每个温度设置两个生物重复序列（T15a、T15b、T21a、T21b、T27a、T27b）。

一、转录组文库构建和测序

按照使用说明，使用 Trizol 试剂（Invitrogen，美国）分离样品总 RNA。使用 Qubit 2.0 荧光计（Life Technologies，美国）评估 RNA 浓度，并使用安捷伦 2100 生物分析仪（安捷伦技术公司，美国）测定完整性。为了构建文库，首先使用 Oligo（dT）磁珠（Invitrogen，美国）从 3 μg 总 RNA 中纯化 mRNA，然后将其破碎成 200～500bp 的小片段。以破碎的 mRNA 片段作为模板，用逆转录酶和随机六聚物（TAKARA，Japan）合成 cDNA 第一链。合成第二链 cDNA 后，用 AMPure XP 珠纯化双链 cDNA 片段。纯化后的第二链 cDNA 进行末端修复，加入 dA-尾，连接测序接头，用 AMPure XP 珠粒进行尺寸选择。选取（300±20）bp 的 cDNA 片段作为模板进行 PCR 扩增。最后，通过 qubit 2.0 和 q-PCR 分析检测 cDNA 文库的浓度。使用 Illumina HiSeqTM 2000 平台，使用双末端运行（2×150bp）对文库进行测序。

为了研究不同温度条件下棘腹蛙蝌蚪生长的分子基础，构建了 6 个 cDNA 文库（15℃-a、15℃-b、21℃-a、21℃-b、27℃-a 和 27℃-b），并利用 Illumina HiSeqTM 2000 测序平台对其进行了测序。这 6 个文库的原始序列范围从 28 157 290 到 42 969 824 不等。在移除测序适配器和 Q20＜20 的序列后，总共获得 191 804 481（19.17 Gb）的干净序列。6 个文库的序列 GC 含量范围为 46.59% ～ 47.37%（表 7 - 2）。

表 7 - 2　6 个蝌蚪转录组文库的统计汇总

指标	15℃ - a	15℃ - b	21℃ - a	21℃ - b	27℃ - a	27℃ - b
初始序列	28 157 290	34 106 765	32 061 142	42 969 824	28 207 110	32 355 015
干净序列	27 320 984	33 013 916	31 089 665	41 695 404	27 334 766	31 349 746
序列大小	2.73G	3.3G	3.11G	4.17G	2.73G	3.13G
Q20/%	97.78	96.64	97.76	96.72	97.7	96.69
GC 含量/%	46.59	46.77	46.9	46.68	47.24	47.37

二、转录组组装和功能注释

首先通过去除测序适配器和质量低于 Q20 的序列来过滤从转录组测序产生的原始序列。使用 Trinity 软件将所有干净的序列合并进行从头组装，其固定默认 k - mer 值大小为 25（k＝25）。Trinity 首先将干净的序列组装成短的叠连群，然后将重叠的叠连群集合成相同的 de Bruijn 图。最后，每个 de Bruijn 图中最长的转录本被定义为非重复序列基因（unigene），并用作后续分析的参考序列。使用 EST - scan（v3.0.3）软件预测非重复序列基因的 CDS 和蛋白序列。

利用 Trinity 程序将所有 clean reads 汇集在一起进行转录组从头组装。最后，共获得 366 370 个非重复序列基因（全长 197 854 794bp；308 Mb）（表 7 - 3），平均长度 540.04bp，中位长度 323bp，N50 长度 648bp。非重复序列基因的长度分布如图 7 - 3 所示。在 366 370 个非重复序列基因中，148 819 个（40.6%）的非重复序列基因长度大于 500bp。为了获得所组装的非重复序列基因的假定功能，使用 BLASTX 对公共蛋白质数据库（NR、KEGG 和 GO）进行功能注释，E 值＜10^{-5}。在 366 370 个非重复序列基因中，NR 数据库中注释了 94 259 个（25.73%），GO 数据库中注释了 64 125 个（17.5%），在 KEGG 数据库中注释了 12 183 个（3.33%）（表 7 - 3）。对 NR 数据库中最热门的物种分类结果表明，47.12% 的非重复序列基因与热带爪蟾的序列有显著的同源性。这表明本研究的转录组组装是正确和可靠的。

表 7 - 3　转录组组装结果汇总

项目	转录本	非重复序列基因
数量	450 165	366 370
平均长度/bp	651.54	540.04
长度中位数/bp	343	323
N50/bp	1019	648
总碱基数/bp	293 301 532	197 854 794

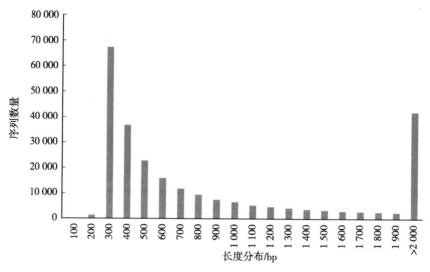

图 7-3 叠连群长度分布

使用 BLASTX 在 NCBI 非冗余（NR）数据库中搜索所有的非重复序列基因，设定 E 值阈值为 1^{-5}。使用 BLASTX 搜索京都基因和基因组百科全书（KEGG）来分配非重复序列基因的通路，借助 KEGG 自动注释服务器（KAAS）进程完成。使用 Blast2GO 软件（v2.5），根据他们对 NR 数据库的 BLASTX 搜索结果，对非重复序列基因的基因本体（GO）类别进行分配。

基于 NR 数据库中的功能注释对非重复序列基因进行 GO 分类。发现非重复序列基因被分为 56 个二级 GO 类别，其中分子功能类 12 个类别，生物过程类 26 个类别，细胞成分类 18 个类别（图 7-4）。对于分子功能类别，"结合"（GO：0005488）和"催化活性"（GO：0003824）类别包含最多的非重复序列基因。在生物过程类别中，"细胞过程"（GO：0009987）、"单个生物体过程"（GO：0044699）、"代谢过程"（GO：0008152）、"生物调节"（GO：0065007）和"生物过程调节"（GO：0050789）等类别占大多数。对于细胞成分类别，"细胞"（GO：0005623）、"细胞部分"（GO：0044464）和"细胞器"（GO：0043226）是主要代表的类别。先前的研究表明，两栖类皮肤中的大多数非重复序列基因参与维持基本的生物功能，如"细胞部分"和"代谢过程"，在中国褐蛙身上也有类似的发现（Huang et al.，2016）。进一步鉴定棘腹蛙蝌蚪的主要生物学过程，对非重复序列基因进行 KEGG 通路分类。在 KEGG 数据库中注释的 12183 个非重复序列基因被分配到 133 个 KEGG 通路（图 7-5）。在 133 条通路中，"嘌呤代谢"（ko00230，含 1 501 个非重复序列基因）含有最多的非重复序列基因，其次是"硫胺代谢"（ko00730，含 436 个非重复序列基因），"磷脂酰肌醇信号系统"（ko04070，含 375 个非重复序列基因），"嘧啶代谢"（ko00240，含 323 个非重复序列基因）和"丙酮酸代谢"（ko00620，含 316 个非重复序列基因）。

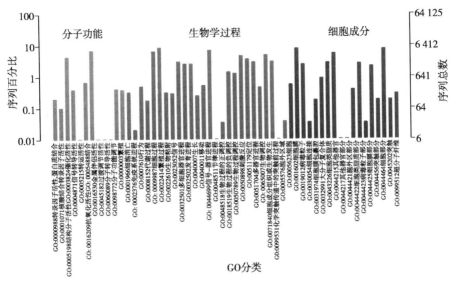

图 7-4　棘腹蛙转录组中鉴定的非重复序列基因的 GO 分类

注：64 125 个非重复序列基因被划分为分子功能、生物过程和细胞成分 3 个亚本体。

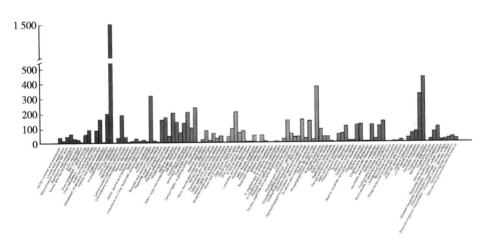

图 7-5　棘腹蛙转录组中鉴定的非重复序列基因的 KEGG 分类

注：将非重复序列基因标记到 KEGG 数据库中，获得 KEGG 通路。

三、差异表达基因的鉴定和功能分类

采用 RSEM 软件（v1.2.31）FPKM（Fragments Per Kilobase of transcript Per Million mapped reads）方法计算非重复序列基因的表达水平（Li et al.，2011）。3 组文库间差异表达基因（DEGs）采用统计学 t-检验进行鉴定，通过

控制错误发现率（FDR），采用 Benjamini 和 Yekutieli 的多重检验程序调整 P 值。最后，将阈值 FDR≤0.005、|log2（倍数变化）|≥1 的非重复序列基因定义为 DEGs。

根据 FPKM 法计算非重复序列基因的表达量。两种 cDNA 文库在不同温度下的相关性均在 0.97 以上（图 7-6），说明基于转录组测序的基因表达水平是可靠的。为了了解水温对蝌蚪发育影响的分子基础，在 6 个 cDNA 文库中筛选了差异表达的非重复序列基因（DEGs）。共鉴定 2001 个 DEGs（FDR≤0.005，|log2（倍数变化）|≥1），其中在 21～15℃的有 709 个，在 27～15℃的有 1 056个，在 21～27℃的有 944 个（图 7-7A）。不同温度下 DEGs 表达模式的热图如图 7-7B 所示，表明不同温度可以激活特定基因簇的表达。

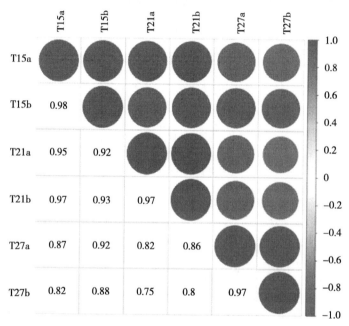

图 7-6 6 个 cDNA 文库表达的相关性分析

采用 GO seq 法对差异表达基因的 GO 项进行富集，显著富集的 GO 项采用校正的 P（<0.05）进行确定。通过 KOBAS（2.0）程序确定 DEGs 的 KEGG 通路富集，显著富集的通路采用校正的 P（<0.05）进行确定。根据 NR 数据库注释，分析了 GH/IGF 信号通路中细胞生长、细胞增殖、细胞凋亡相关基因的表达。

为了鉴定这些 DEGs 的分子功能，对 DEGs 进行了 GO 和 KEGG 途径富集。共有 134 个 GO 类别显著富集（调整后的 P<0.05）。在分子功能类别中，最具代表性的 GO 类别为"有机环化合物结合"（GO：009715）和"杂环化合物结合"（GO：1901363）。在生物过程类别中，GO 类别"细胞过程"（GO：0009987）、"代

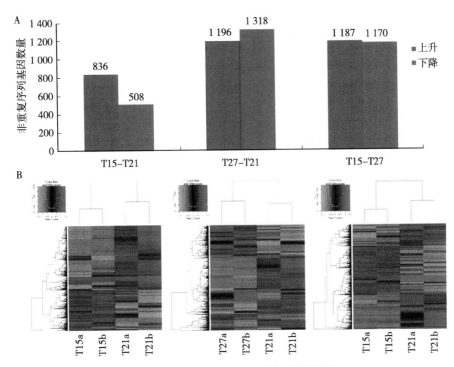

图 7 - 7　棘腹蛙转录组差异表达基因鉴定

注：将 FDR 阈值≤0.005、log2（倍数变化）绝对值≥1 的非重复序列基因定义为 DEGs。A 为 3 组比较中 deg 的数量；B 为 3 个比较组的 DEGs 热图分析。B 中各分图左上角为色阶标尺，从左到右的跨度为−1~1。

谢过程”（GO：0008152）、“有机物代谢过程”（GO：0071704）、“细胞代谢过程”（GO：0044237）和“初级代谢过程”（GO：0044238）中包含的 DEGs 最多。在细胞成分类别中，“细胞”（GO：0005623）、“细胞部分”（GO：0044464）、“细胞内”（GO：0005622）和“细胞内部分”（GO：0044424）包含最多的 DEGs。共计 15 条 KEGG 通路显著富集（调整 $P<0.05$）（表 7-5），主要与能量代谢有关，如“光合生物固碳”（ko00710）、“糖酵解/糖异生”（ko00010）、“柠檬酸循环（TCA 循环）”（ko00020）、“半胱氨酸和蛋氨酸代谢”（ko00270）。此外，两条核苷酸代谢途径“丙酮酸代谢”（ko00620）和“嘌呤代谢”（ko00230）显著富集。GO 和 KEGG 通路富集结果表明，蝌蚪体内与能量代谢和生长有关的 DEGs 对温度变化敏感（表 7-4）。

表 7 - 4　非重复序列基因注释汇总

数据库	数量	百分比/%
COG	40 075	10.94
Uniprot	53 862	14.70
NR	94 259	25.73

（续）

数据库	数量	百分比/%
KEGG	12 183	3.33
GO	64 125	17.50
所有数据库均有注释	20 465	5.59
至少在一个数据库中注释	67 933	18.54
总计	366 370	100

四、GH/IGF 信号通路差异表达基因

由激素和生长因子调节的 GH/IGF-I 轴是调节动物生长发育的主要网络。GH/IGF 信号通路在寒冷和温暖条件下的青蛙蝌蚪中有不同的表达。GH/IGF 通过激活特定的受体、信号分子和信号通路，包括 MAPK 信号通路和 mTOR 信号通路，调控细胞生长、细胞增殖、糖酵解/糖异生、细胞周期和细胞凋亡（Perrini et al.，2010）。此外，在 mTOR 信号通路中，细胞外调节蛋白激酶（ERK1/2，contig_2308）在 15℃ 和 27℃ 下调，而 5′-AMP 激活蛋白激酶（AMPK，contig_11276）在 15℃ 和 27℃ 上调。随后，用实时定量 PCR（qRT-PCR）鉴定了这两个基因，结果显示与 RNA-seq 表达模式相似（图 7-8A、B）。丝裂原活化蛋白激酶细胞外调节蛋白激酶（MAPK/ERK1/2）是控制细胞增殖

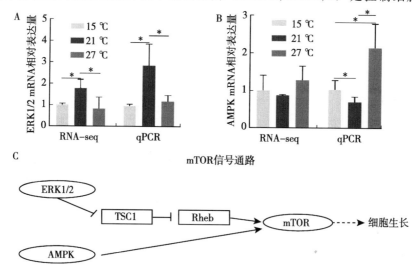

图 7-8　差异表达的 mTOR 信号通路对温度变化的响应

注：A 为 ERK1/2 mRNA 的相对表达量。B 为 AMPK mRNA 的相对表达量。C 为 ERK1/2 和 AMPK 对 mTOR 信号通路的调控（基因表达分析采用方差分析，* 表示 $P<0.05$）。

和生长的关键通路，抑制 MAPK/ERK1/2 可以抑制血管生成。此外，AMPK 在调节能量稳态中起着关键作用，并作为调节三磷酸腺苷（ATP）浓度的"代谢传感器"，还与细胞生长有关。先前的研究表明，磷酸化的 AMPK 抑制了哺乳动物 mTOR 通路的靶点，而 mTOR 通路在细胞增殖、生长和分化中起着核心作用（Sugiyama et al.，2009）。本研究结果显示，与 15℃ 和 27℃ 相比，21℃ 条件下棘腹蛙蝌蚪的 ERK1/2 mRNA 表达上调，AMPK mRNA 表达下调。这在一定程度上解释了棘腹蛙蝌蚪在分子水平上的生长。此前，许多研究发现 AMPK 和 ERK1/2 在许多物种中在不同温度下差异表达。特别地，AMPK 在细胞适应中起着重要作用，如来自营养饥饿、缺氧的应激、ATP 利用率增加或热休克。在菲律宾蛤仔（*Ruditapes philippinarum*）中，经过 20℃ 空气暴露后，*AMPK* 基因的表达显著增加（Wang et al.，2020）。有趣的是，黄道蟹的 AMPK 活性在 12~18℃ 保持恒定，但在 18~30℃ 增加到（9.1±1.5）倍。此外，ERK1/2 在心肌细胞的温度预处理（16℃）中受到抑制（Bhagatte et al.，2012）。但是，关于温度对蝌蚪发育的影响的研究还很少。本研究的结果首次显示了不同温度（15、21、27℃）下 AMPK 和 ERK1/2 mRNA 的表达模式，这些表达与棘腹蛙蝌蚪的生长有关。总之，在 21℃ 条件下，ERK1/2 上调和 AMPK 下调通过 mTOR 信号通路协同激活蝌蚪生长（图 7-8C）。而 GH 激素水平和表型的变化进一步证实了 mTOR 信号通路与 GH/IGF-1 轴的关联。这些结果进一步说明过冷或过热的温度条件可能会抑制棘腹蛙蝌蚪的生长。

五、实时定量 PCR（qRT-PCR）验证

从棘腹蛙蝌蚪组织中提取 1μg 总 RNA，使用无 RNA 酶-DNA 酶 I（Thermo Scientific，美国）处理以去除基因组 DNA。使用 RevertAid 第一链 cDNA 合成试剂盒（Thermo Scientific，美国）进行 cDNA 逆转录。qRT-PCR 反应使用 SYBR Green 主混合液（BioRed，美国）和 Light Cycler 96（Roch，美国）进行。以 *actin2* 基因作为对照，进行表达水平标准化。随机选取 10 组叠连群进行验证，qRT-PCR 分析结果见图 7-9。

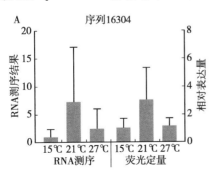 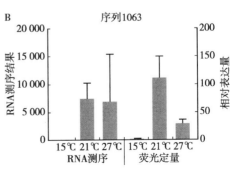

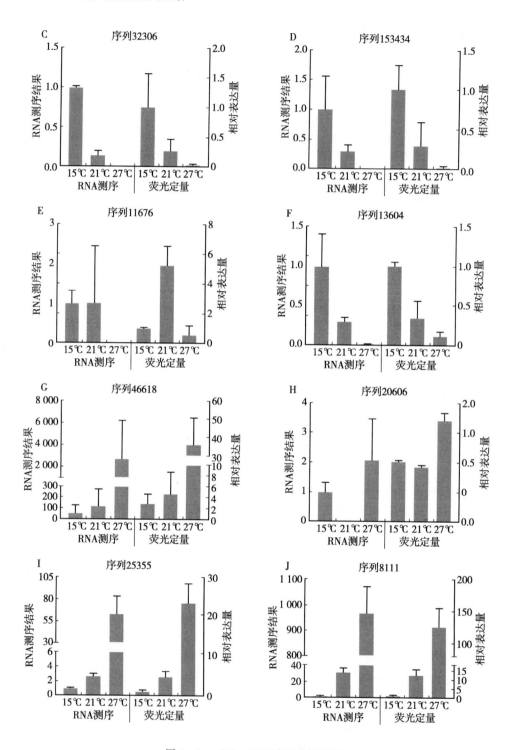

图 7 - 9 qRT - PCR 验证分析结果

第三节　小　　结

　　综上所述，人工饲养棘腹蛙蝌蚪的适宜水温为 21℃。比较转录组分析表明，与能量代谢和生长相关的基因最易受温度的影响，该转录组数据将为这种非模式两栖动物的未来研究提供参考。参与 GH/IGF 信号通路的差异表达基因表现出与表型和激素水平相似的变化趋势。这些结果有助于理解棘腹蛙蝌蚪在异常温度下的生长变化机制。

参考文献　REFERENCES

陈阳，方精云，陈安平，2002. 中国濒危鱼类、两栖爬行类和哺乳类的地理分布格局与优先
　　保护区域——基于《中国濒危动物红皮书》的分析 [J]. 生物多样性，10 (4)：359 - 368.

廿娜，尹飞，孔惠敏，等，2013. IL - 1β 和 NF - kB 在慢性内侧颞叶癫痫模型中的相互作用
　　[J]. 神经解剖学杂志，29 (6)：637 - 643.

广慧娟，厉政，王义鹏，等，2012. Cathelicidins 家族抗菌肽研究进展 [J]. 动物学研究 (5)：
　　523 - 526.

黄金刚，童海骏，刘宏强，等，2010. IL - 1β 和 TNF - α 对软骨细胞基质降解的影响及相关机
　　制研究 [J]. 上海交通大学学报（医学版），30 (9)：1084 - 1089.

姜玉松，陈德碧，邹勇，等，2015. 棘腹蛙 Japonicin - Pb 抗菌肽的分离及表达谱分析 [J].
　　动物营养学报，27 (5)：1613 - 1619.

金莉莉，王秋雨，2008. 蛙科两栖动物皮肤抗菌肽的分子多样性及功能 [J]. 遗传 (10)：
　　1241 - 1248.

黎观红，洪智敏，贾永杰，等，2011. 抗菌肽的抗菌作用及其机制 [J]. 动物营养学报，23
　　(4)：546 - 555.

廖小林，俞小牧，谭德清，等，2005. 长江水系草鱼遗传多样性的微卫星 DNA 分析 [J]. 水
　　生生物学报，029 (2)：113 - 119.

鲁翠云，孙效文，梁利群，2005. 鳙鱼微卫星分子标记的筛选 [J]. 中国水产科学 (2)：82 - 86.

吕志敢，郭政，2006. 肿瘤坏死因子的研究进展 [J]. 山西医科大学学报，37 (3)：311 - 314.

裴志花，孙小宁，王开，等，2014. 抗菌肽在多领域应用的研究进展 [J]. 中国兽医杂志
　　(11)：99 - 101.

宋宏霞，曾名勇，刘尊英，等，2006. 抗菌肽的生物活性及其作用机理 [J]. 食品工业科技，
　　0 (9)：185 - 188.

孙逊，朱尚权，1999. 生长激素的结构与功能 [J]. 国外医学生理（病理科学与临床分册），
　　19 (1)：6 - 9.

王雅丽，2015. 中国林蛙皮肤抗菌肽的分离纯化及生物活性研究 [D]. 长春：农业大学.

肖冰，和七一，张康，等，2012. 两栖类动物皮肤分泌抗菌肽的研究进展 [J]. 重庆师范大学
　　学报（自然科学版），29 (2)：24 - 29.

肖冰，2012. 重庆产沼水蛙（*Hylarana guentheri*）的皮肤分泌抗菌肽的分离纯化及性质研究
　　[D]. 重庆：重庆师范大学.

曾聪，高泽霞，罗伟，等，2013. 基于 454 GS FLX 高通量测序的团头鲂 ESTs 中微卫星特征
　　分析 [J]. 水生生物学报，0 (5)：982 - 988.

曾晓芸，杨宗英，田辉伍，等，2015. 基于 Mi - Seq 高通量测序分析裸体异鳔鳅鮀微卫星组成

〔J〕. 淡水渔业（1）：3-7.

张琼，刘小林，李喜莲，等，2010. EST-SSR 分子标记在水生动物遗传研究中的应用〔J〕. 水产科学，29（5）：302-306.

朱红杰，张彦华，张亿虹，等，2007. 胰岛素样生长因子的研究进展〔J〕. 黑龙江医药，20（3）：200-203.

Abraham P, George S, Kumar K S, 2014. Novel antibacterial peptides from the skin secretion of the Indian bicoloured frog Clinotarsus curtipes〔J〕. Biochimie, 97：144-151.

Abrudan J, Ramalho-Ortigão M, O'Neil S, et al., 2013. The characterization of the Phlebotomus papatasi transcriptome〔J〕. Insect molecular biology, 22（2）：211-232.

Altincicek B, Elashry A, Guz N, et al., 2013. Next generation sequencing based transcriptome analysis of septic-injury responsive genes in the beetle Tribolium castaneum〔J〕. PloS one, 8（1）：e52004.

Amiche M, Seon A A, Pierre T N, et al., 1999. The dermaseptin precursors：a protein family with a common preproregion and a variable C-terminal antimicrobial domain〔J〕. FEBS Letters, 456（3）：352-356.

Ayuk J S M, 2006. Growth hormone and its disorders〔J〕. Postgrad Med J, 82（963）：24-30.

Bai B, Wang L, Zhou M, et al., 2010. Construction of cDNA libraries from trifluoroacetic acid-solvated amphibian skin secretions：molecular cloning of multiple bombinin-like peptide precursor transcripts from a library of yellow-bellied toad (Bombina variegata) secretion〔J〕. Regulatory Peptides, 164（1）：34.

Bai B, Zhang Y, Wang H, et al., 2013. Parallel peptidome and transcriptome analyses of amphibian skin secretions using archived frozen acid-solvated samples〔J〕. Molecular biotechnology, 54（2）：187-197.

Basir Y J, Knoop F C, Dulka J, et al., 2000. Multiple antimicrobial peptides and peptides related to bradykinin and neuromedin N isolated from skin secretions of the pickerel frog, Rana palustris〔J〕. Biochimica et Biophysica Acta (BBA)-Protein Structure and Molecular Enzymology, 1543（1）：95-105.

Bauersachs S, Wolf E, 2012. Transcriptome analyses of bovine, porcine and equine endometrium during the pre-implantation phase〔J〕. Animal Reproduction Scienc, 134（1）：84-94.

Ben Menachem-Zidon O, Avital A, Ben-Menahem Y, et al., 2011. Astrocytes support hippocampal-dependent memory and long-term potentiation via interleukin-1 signaling〔J〕. Brain, Behavior, and Immunity, 25（5）：1008-1016.

Beutler B, 2004. Innate immunity：an overview〔J〕. Molecular Immunology, 40（12）：845-859.

Bhagatte Y, Lodwick D, Storey N, 2012. Mitochondrial ROS production and subsequent ERK phosphorylation are necessary for temperature preconditioning of isolated ventricular myocytes〔J〕. Cell death & disease, 3（7）：e345.

Blouin M S, Brown S T, 2000. Effects of temperature-induced variation in anuran larval growth rate on head width and leg length at metamorphosis〔J〕. Oecologia, 125（3）：358-361.

Blumberg H, Conklin D, Xu WF, et al., 2001. Interleukin 20：discovery, receptor identification, and role in epidermal function [J]. Cell, 104 (1): 9 – 19.

Brocker C, Thompson D, Matsumoto A, et al., 2010. Evolutionary divergence and functions of the human interleukin (IL) gene family [J]. Human genomics, 5 (1): 30 – 55.

Che Q, Zhou Y, Yang H, et al., 2008. A novel antimicrobial peptide from amphibian skin secretions of Odorrana grahami [J]. Peptides, 29 (4): 529 – 535.

Chen L, Liu T, Yang D, et al., 2013. Analysis of codon usage patterns in Taenia pisiformis through annotated transcriptome data [J]. Biochemical and biophysical research communications, 430 (4): 1344 – 1348.

Clark D P, Durell S, Maloy W L, et al., 1994. Ranalexin. A novel antimicrobial peptide from bullfrog (Rana catesbeiana) skin, structurally related to the bacterial antibiotic, polymyxin [J]. Journal of Biological Chemistry, 269 (14): 10849 – 10855.

Cogălniceanu D, Székely P, Samoilă C, et al., 2013. Diversity and distribution of amphibians in Romania [J]. ZooKeys, (296): 35 – 57.

Conlon J M, Halverson T, Dulka J, et al., 1999. Peptides with antimicrobial activity of the brevinin – 1 family isolated from skin secretions of the southern leopard frog, Rana sphenocephala [J]. The Journal of Peptide Research, 54 (6): 522 – 527.

Conlon J M, Kolodziejek J, Nowotny N, 2004. Antimicrobial peptides from ranid frogs: taxonomic and phylogenetic markers and a potential source of new therapeutic agents [J]. Biochimica et Biophysica Acta (BBA) – Proteins and Proteomics, 1696 (1): 1 – 14.

Courtney Jones SK, Munn AJ, Penman TD, et al., 2015. Long – term changes in food availability mediate the effects of temperature on growth, development and survival in striped marsh frog larvae: implications for captive breeding programmes [J]. Conserv Physiol, 3 (1): cov029.

Du F K, Xu F, Qu H, et al., 2013. Exploiting the transcriptome of Euphrates Poplar, Populus euphratica (Salicaceae) to develop and characterize new EST – SSR markers and construct an EST – SSR database [J]. PloS one, 8 (4): e61337.

Dumoutier L, Tounsi A, Michiels T, et al., 2004. Role of the interleukin (IL) – 28 receptor tyrosine residues for antiviral and antiproliferative activity of IL – 29/interferon – lambda 1: similarities with type I interferon signaling [J]. J Biol Chem, 279 (31): 32269 – 32274.

Durdu B, Durdu Y, Güleç N, et al., 2012. A rare cause of pneumonia: Shewanella putrefaciens [J]. Mikrobiyoloji bulteni, 46 (1): 117 – 121.

Fardellone P, Salawati E, Le Monnier L, et al., 2020. Bone Loss, Osteoporosis, and Fractures in Patients with Rheumatoid Arthritis: A Review [J]. J Clin Med, 9 (10): 3361.

Farran I S – S J, Medina J F, Prieto J, et al., 2002. Targeted expression of human serum Albumin to potato tubers [J]. Transgenic Res, 11 (4): 337 – 346.

Feng F, Chen C, Zhu W, et al., 2011. Gene cloning, expression and characterization of avian cathelicidin orthologs, Cc – CATHs, from Coturnix coturnix [J]. The FEBS journal, 278 (9): 1573 – 1584.

Gao X, Han J, Lu Z, et al., 2013. De novo assembly and characterization of spotted seal Phoca largha transcriptome using Illumina paired – end sequencing [J]. Comparative Biochemistry and Physiology Part D: Genomics and Proteomics, 8 (2): 103 – 110.

Garner T W, 2002. Genome size and microsatellites: the effect of nuclear size on amplification potential [J]. Genome, 45 (1): 212 – 215.

Ghahary A S Y, Wang R, Scott PG, et al. , 1998. Expression and localization of insulin – like growth factor – 1 in normal and post – burn hypertrophic scar tissue in human [J]. Mol Cell Biochem, 183 (1 – 2): 1 – 9.

Ghigna C, Giordano S, Shen H, et al. , 2005. Cell Motility Is Controlled by SF2/ASF through Alternative Splicing of the Ron Protooncogene [J]. Molecular Cell, 20 (6): 881 – 890.

Hao X, Yang H, Wei L, et al. , 2012. Amphibian cathelicidin fills the evolutionary gap of cathelicidin in vertebrate [J]. Amino acids, 43 (2): 677 – 685.

Haus O, 2000. The genes of interferons and interferon – related factors: localization and relationships with chromosome aberrations in cancer [J]. Arch Immunol Ther Exp (Warsz), 48 (2): 95 – 100.

He W, Feng F, Huang Y, et al. , 2012. Host defense peptides in skin secretions of Odorrana tiannanensis: Proof for other survival strategy of the frog than merely anti – microbial [J]. Biochimie, 94 (3): 649 – 655.

Hellsten U, Harland R M, Gilchrist M J, et al. , 2010. The genome of the Western clawed frog Xenopus tropicalis [J]. Science (New York, NY), 328 (5978): 633 – 636.

Huang L, Li J, Anboukaria H, et al. , 2016. Comparative transcriptome analyses of seven anurans reveal functions and adaptations of amphibian skin [J]. Scientific reports, 6 (1): 24069.

Isaacson T, Soto A, Iwamuro S, et al. , 2002. Antimicrobial peptides with atypical structural features from the skin of the Japanese brown frog Rana japonica [J]. Peptides, 23 (3): 419 – 425.

Isaka Y, Tsujie M, Ando Y, et al. , 2000. Transforming growth factor – beta 1 antisense oligodeoxynucleotides block interstitial fibrosis in unilateral ureteral obstruction [J]. Kidney Int, 58 (5): 1885 – 1892.

Jantra S, Paulesu L, Lo Valvo M, et al. , 2011. Cytokine components and mucosal immunity in the oviduct of Xenopus laevis (amphibia, pipidae) [J]. General and Comparative Endocrinology, 173 (3): 454 – 460.

Jehle R, Arntzen J W, 2002. Microsatellite markers in amphibian conservation genetics [J]. Herpetological Journal, 12: 1 – 9.

Jehle R, Arntzen JW. 2002. Review: microsatellite markers in amphibian conservation genetics [J]. Herpetological Journal, 12: 1 – 9.

Jiang H, Cai Y – M, Chen L – Q, et al. , 2009. Functional Annotation and Analysis of Expressed Sequence Tags from the Hepatopancreas of Mitten Crab (Eriocheir sinensis) [J]. Marine Biotechnology, 11 (3): 317 – 326.

Kaisho T, Akira S, 2006. Toll – like receptor function and signaling [J]. Journal of Allergy and

Clinical Immunology，117 (5)：979 - 987.

Karni R，de Stanchina E，Lowe S W，et al. ，2007. The gene encoding the splicing factor SF2/ASF is a proto - oncogene [J]. Nature structural & molecular biology，14 (3)：185 - 193.

Kim S S，Shim M S，Chung J，et al. ，2007. Purification and characterization of antimicrobial peptides from the skin secretion of Rana dybowskii [J]. Peptides，28 (8)：1532 - 1539.

Kofler R，Schlötterer C，Luschützky E，et al. ，2008. Survey of microsatellite clustering in eight fully sequenced species sheds light on the origin of compound microsatellites [J]. BMC genomics，9 (1)：612.

Kückelhaus S A S，Leite J R S A，Muniz - Junqueira M I，et al. ，2009. Antiplasmodial and antileishmanial activities of phylloseptin - 1，an antimicrobial peptide from the skin secretion of Phyllomedusa azurea (Amphibia) [J]. Experimental Parasitology，123 (1)：11 - 16.

Kyriakopoulou - Sklavounou P，Stylianou P，Tsiora A，2008. A skeletochronological study of age，growth and longevity in a population of the frog Rana ridibunda from southern Europe [J]. Zoology，111 (1)：30 - 36.

Lai R，Zheng Y - T，Shen J - H，et al. ，2002. Antimicrobial peptides from skin secretions of Chinese red belly toad Bombina maxima [J]. Peptides，23 (3)：427 - 435.

Leinsköld T A T，Arnelo U，Larsson J，et al. ，2000. Gastrointestinal growth factors and pancreatic islet hormones during postoperative IGF - I supplementation in man [J]. J Endocrinol，167 (2)：331 - 338.

Li CH，Evans HM，Simpson ME，1945. Isolation and properties of the anterior hypophysical growth hormone [J]. J Biol Chem，159：353 - 366.

Li J，Xu X，Xu C，et al. ，2007. Anti - infection Peptidomics of Amphibian Skin [J]. Molecular & Cellular Proteomics，6 (5)：882 - 894.

Lindley I，Aschauer H，Seifert JM，et al. ，1988. Synthesis and expression in Escherichia coli of the gene encoding monocyte - derived neutrophil - activating factor：biological equivalence between natural and recombinant neutrophil - activating factor [J]. Proc Natl Acad Sci U S A，85 (23)：9199 - 9203.

Liu J，Jiang J，Wu Z，2012. Antimicrobial peptides from the skin of the Asian frog，Odorrana jingdongensis：de novo sequencing and analysis of tandem mass spectrometry data [J]. J Proteomics，75 (18)：5807 - 5821.

Liu J，Jiang J，Wu Z，et al. ，2012. Antimicrobial peptides from the skin of the Asian frog，Odorrana jingdongensis：De novo sequencing and analysis of tandem mass spectrometry data [J]. Journal of Proteomics，75 (18)：5807 - 5821.

Loffing - Cueni D，Schmid AC，Reinecke M，1999. Molecular cloning and tissue expression of the insulin - like growth factor II prohormone in the bony fish Cottus scorpius [J]. Gen Comp Endocrinol，113 (1)：32 - 37.

Lopez MF，Zheng L，Miao J，et al. ，2018. Disruption of the Igf2 gene alters hepatic lipid homeostasis and gene expression in the newborn mouse [J]. Am J Physiol Endocrinol Metab，315 (5)：E735 - E744.

Lu Z, Zhai L, Wang H, et al., 2010. Novel families of antimicrobial peptides with multiple functions from skin of Xizang plateau frog, Nanorana parkeri [J]. Biochimie, 92 (5): 475 – 481.

Luo C, Zheng L, 2000. Independent evolution of Toll and related genes in insects and mammals [J]. Immunogenetics, 51 (2): 92 – 98.

Mackey M J, Boone M D, 2009. Single and interactive effects of malathion, overwintered green frog tadpoles, and cyanobacteria on gray treefrog tadpoles [J]. Environmental Toxicology and Chemistry, 28 (3): 637 – 643.

Maier V H, Dorn K V, Gudmundsdottir B K, et al., 2008. Characterisation of cathelicidin gene family members in divergent fish species [J]. Molecular Immunology, 45 (14): 3723 – 3730.

Matsushima K, Morishita K, Yoshimura T, et al., 1988. Molecular cloning of a human mono-cyte – derived neutrophil chemotactic factor (MDNCF) and the induction of MDNCF mRNA by interleukin 1 and tumor necrosis factor [J]. J Exp Med, 167 (6): 1883 – 1893.

Mesev EV, LeDesma RA, Ploss A, 2019. Decoding type I and III interferon signalling during viral infection [J]. Nat Microbiol, 4 (6): 914 – 924.

Morikawa N, Hagiwara K i, Nakajima T, 1992. Brevinin – 1 and – 2, unique antimicrobial pep-tides from the skin of the frog, Rana brevipoda porsa [J]. Biochemical and biophysical re-search communications, 189 (1): 184 – 190.

Mrázek J, Guo X, Shah A, 2007. Simple sequence repeats in prokaryotic genomes [J]. Proc Natl Acad Sci U S A, 104 (20): 8472 – 8477.

Murphy PM, Baggiolini M, Charo IF, et al., 2000. International union of pharmacology. XXII. Nomenclature for chemokine receptors [J]. Pharmacol Rev, 52 (1): 145 – 176.

Nascimento A C, Fontes W, Sebben A, et al., 2003. Antimicrobial peptides from anurans skin secretions [J]. Protein and peptide letters, 10 (3): 227 – 238.

Okamura H, Kashiwamura S, Tsutsui H, et al., 1998. Regulation of interferon – gamma pro-duction by IL – 12 and IL – 18 [J]. Current Opinion in Immunology 1998, 10 (3): 259.

Ong W D, Voo L Y, Kumar V S, 2012. De novo assembly, characterization and functional an-notation of pineapple fruit transcriptome through massively parallel sequencing [J]. PloS one, 7 (10): e46937.

Pandey P, Bell – Stephens T, Steinberg GK, 2010. Patients with moyamoya disease presenting with movement disorder [J]. J Neurosurg Pediatr, 6 (6): 559 – 566.

Perrini S, Laviola L, Carreira M C, et al., 2010. The GH/IGF1 axis and signaling pathways in the muscle and bone: mechanisms underlying age – related skeletal muscle wasting and oste-oporosis [J]. The Journal of endocrinology, 205 (3): 201 – 210.

Persoon S, Kappelle LJ, Klijn CJ, 2010. Limb – shaking transient ischaemic attacks in patients with internal carotid artery occlusion: a case – control study [J]. Brain, 33 (3): 915 – 922.

Pioli P A, Amiel E, Schaefer T M, et al., 2004. Differential expression of Toll – like receptors 2 and 4 in tissues of the human female reproductive tract [J]. Infection and immunity, 72

(10): 5799-5806.

Pontejo SM, Murphy PM, 2017. Chemokines encoded by herpesviruses [J]. J Leukoc Biol, 102 (5): 1199-1217.

Procaccini C, Galgani M, De Rosa V, et al., 2012. Intracellular metabolic pathways control immune tolerance [J]. Trends in Immunology, 33 (1): 1-7.

Qin Z, Xia W, Fisher GJ, et al., 2018. YAP/TAZ regulates TGF-β/Smad3 signaling by induction of Smad7 via AP-1 in human skin dermal fibroblasts [J]. Cell Commun Signal, 16 (1): 18.

Ranoa D R E, Kelley S L, Tapping R I, 2013. Human Lipopolysaccharide - binding Protein (LBP) and CD14 Independently Deliver Triacylated Lipoproteins to Toll - like Receptor 1 (TLR1) and TLR2 and Enhance Formation of the Ternary Signaling Complex [J]. Journal of Biological Chemistry, 288 (14): 9729-9741.

Robertson L S, Cornman R S, 2014. Transcriptome resources for the frogs Lithobates clamitans and Pseudacris regilla, emphasizing antimicrobial peptides and conserved loci for phylogenetics [J]. Molecular ecology resources, 14 (1): 178-183.

Rollins - Smith L A, Reinert L K, O'Leary C J, et al., 2005. Antimicrobial Peptide defenses in amphibian skin [J]. Integrative and comparative biology, 45 (1): 137-142.

Roulin A C, W Min, Pichon S, et al., 2014. De Novo Transcriptome Hybrid Assembly and Validation in the European Earwig (Dermaptera, Forficula auricularia) [J]. PloS one, 9 (4): e94098.

Rowe G, Beebee T J C, Burke T, 2000. A microsatellite analysis of natterjack toad, Bufo calamita, metapopulations [J]. Oikos, 88 (3): 641-651.

Samadi S, Artiguebielle E, Estoup A, et al. 1998. Density and variability of dinucleotide microsatellites in the parthenogenetic polyploid snail Melanoides tuberculata [J]. Molecular Ecology, 7 (9): 1233-1236.

Schunter C, Vollmer S V, Macpherson E, et al., 2014. Transcriptome analyses and differential gene expression in a non - model fish species with alternative mating tactics [J]. BMC genomics, 15: 167.

Schutyser E, Struyf S, Menten P, et al., 2000. Regulated production and molecular diversity of human liver and activation - regulated chemokine/macrophage inflammatory protein - 3 alpha from normal and transformed cells [J]. J Immunol, 165 (8): 4470-4477.

Scumpia PO, Moldawer LL, 2005. Biology of interleukin - 10 and its regulatory roles in sepsis syndromes [J]. Crit Care Med, 33 (12): 468-471.

Shamblott MJ, Chen TT, 1992. Identification of a second insulin - like growth factor in a fish species [J]. Proceedings of the National Academy of Sciences, 89 (19): 8913-8917.

Sharma GD, He J, Bazan HE, 2003. p38 and ERK1/2 coordinate cellular migration and proliferation in epithelial wound healing: evidence of cross - talk activation between MAP kinase cascades [J]. J Biol Chem, 278 (24): 1989-1997.

Shoji Y, Inoue Y, Sugisawa H, et al., 2001. Molecular cloning and functional characterization of bottlenose dolphin (Tursiops truncatus) tumor necrosis factor alpha [J]. Vet Immunol Immunopathol, 82 (3-4): 183-192.

Simmaco M, Mignogna G, Barra D, et al., 1994. Antimicrobial peptides from skin secretions of Rana esculenta. Molecular cloning of cDNAs encoding esculentin and brevinins and isolation of new active peptides [J]. Journal of Biological Chemistry, 269 (16): 11956-11961.

Simmaco M, Mignogna G, Canofeni S, et al., 1996. Temporins, antimicrobial peptides from the European red frog Rana temporaria [J]. European journal of biochemistry, 242 (3): 788-792.

Sugiyama M, Takahashi H, Hosono K, et al., 2009. Adiponectin inhibits colorectal cancer cell growth through the AMPK/mTOR pathway [J]. International journal of oncology, 34 (2): 339-344.

Suzuki S, Ohe Y, Okubo T, et al., 1995. Isolation and characterization of novel antimicrobial peptides, rugosins A, B and C, from the skin of the frog, Rana rugosa [J]. Biochemical and biophysical research communications, 212 (1): 249-254.

Tan M H, Au K F, Yablonovitch A L, et al., 2013. RNA sequencing reveals a diverse and dynamic repertoire of the Xenopus tropicalis transcriptome over development [J]. Genome research, 23 (1): 201-216.

Tao X, Fang Y, Xiao Y, et al., 2013. Comparative transcriptome analysis to investigate the high starch accumulation of duckweed (Landoltia punctata) under nutrient starvation [J]. Biotechnology for biofuels, 6 (1): 72.

Tao, X., Fang, et al., 2013. Comparative transcriptome analysis to investigate the high starch accumulation of duckweed (Landoltia punctata) under nutrient starvation [J]. Biotechnol Biofuels, 6: 72.

Thiel T, Michalek W, Varshney R, et al., 2003. Exploiting EST databases for the development and characterization of gene-derived SSR-markers in barley (Hordeum vulgare L.) [J]. Theoretical and Applied Genetics, 106 (3): 411-422.

Urbonas V, Eidukaitė A, Tamulienė I, 2012. Increased interleukin-10 levels correlate with bacteremia and sepsis in febrile neutropenia pediatric oncology patients [J]. Cytokine, 57 (3): 313-315.

Veldhoen M, Uyttenhove C, van Snick J, et al., 2008. Transforming growth factor-beta 'reprograms' the differentiation of T helper 2 cells and promotes an interleukin 9-producing subset [J]. Nat Immunol, 9 (12): 1341-1346.

Verma P, Shah N, Bhatia S, 2013. Development of an expressed gene catalogue and molecular markers from the de novo assembly of short sequence reads of the lentil (Lens culinaris Medik.) transcriptome [J]. Plant biotechnology journal, 11 (7): 894-905.

Vij N, Sharma A, Thakkar M, et al., 2008. PDGF-driven proliferation, migration, and IL8 chemokine secretion in human corneal fibroblasts involve JAK2-STAT3 signaling pathway [J]. Mol Vis, 14: 1020-1027.

Wang J, Fang L, Wu Q, et al., 2020. Genome-wide identification and characterization of the

AMPK genes and their distinct expression patterns in response to air exposure in the Manila clam (Ruditapes philippinarum) [J]. Genes & Genomics, 42 (1): 1 – 12.

Wang Y, Lu Z, Feng F, et al., 2011. Molecular cloning and characterization of novel cathelicidin – derived myeloid antimicrobial peptide from Phasianus colchicus [J]. Developmental & Comparative Immunology, 35 (3): 314 – 322.

Weber J L, 1990. Informativeness of human (dC – dA) n • (dG – dT) n polymorphisms [J]. Genomics, 7 (4): 524 – 530.

Weber JL. 1990. In formativeness of human (dC – dA) n • (dG – dT) n polymorphisms [J]. Genomics, 7: 524 – 530.

Wheeler C A, Bettaso J B, Ashton D T, et al., 2015. Effects of Water Temperature on Breeding Phenology, Growth, and Metamorphosis of Foothill Yellow – Legged Frogs (Rana boylii): A Case Study of the Regulated Mainstem and Unregulated Tributaries of California's Trinity River [J]. River Research and Applications, 31 (10): 1276 – 1286.

Woodhams D C, Bigler L, Marschang R, 2012. Tolerance of fungal infection in European water frogs exposed to Batrachochytrium dendrobatidisafter experimental reduction of innate immune defenses [J]. BMC Veterinary Research, 8 (1): 197.

Woodhams D C, Rollins – Smith L A, Alford R A, et al., 2007. Innate immune defenses of amphibian skin: antimicrobial peptides and more [J]. Animal Conservation, 10 (4): 425 – 428.

Yan Y, Niu L, Deng J, et al., 2015. Adjuvant effects of recombinant giant panda (Ailuropoda melanoleuca) IL – 18 on the canine distemper disease vaccine in mice [J]. J Vet Med Sci, 77 (2): 187 – 192.

Yuan S, Xia Y, Zheng Y, et al., 2015. Development of microsatellite markers for the spiny – bellied frog Quasipaa boulengeri (Anura: Dicroglossidae) through transcriptome sequencing [J]. Conservation Genetics Resources, 7 (1): 229 – 231.

Yuan SQ, Xia Y, Zheng YC, et al. 2015. Development of microsatellite markers for the spiny – bellied frog Quasipaa boulengeri (Anura: Dicroglossidae) through transcriptome sequencing [J]. Conservation Genetics Resources, 7 (1): 229 – 231.

Zanetti M, Gennaro R, Scocchi M, et al., 2000. Structure and biology of cathelicidins [J]. Advances in experimental medicine and biology, 479: 203 – 218.

Zhang J, Liang S, Duan J, et al., 2012. De novo assembly and Characterisation of the Transcriptome during seed development, and generation of genic – SSR markers in Peanut (Arachis hypogaea L.) [J]. BMC genomics, 13 (1): 90.

Zhang YA, Zou J, Chang CI, et al., 2004. Discovery and characterization of two types of liver – expressed antimicrobial peptide 2 (LEAP – 2) genes in rainbow trout [J]. Veterinary Immunology and Immunopathology, 101 (3): 259 – 269.

Zhao F, Yan C, Wang X, et al., 2014. Comprehensive transcriptome profiling and functional analysis of the frog (Bombina maxima) immune system [J]. DNA research : an international journal for rapid publication of reports on genes and genomes, 21 (1): 1 – 13.

图书在版编目（CIP）数据

棘腹蛙重要基因资源筛选与分析 / 樊汶樵，孙翰昌，黄孟军著. —北京：中国农业出版社，2021.9
　ISBN 978-7-109-28876-8

　Ⅰ.①棘… Ⅱ.①樊… ②孙… ③黄… Ⅲ.①蛙科—种质资源—研究 Ⅳ.①Q959.5

中国版本图书馆 CIP 数据核字（2021）第 210091 号

中国农业出版社出版

地址：北京市朝阳区麦子店街 18 号楼
邮编：100125
责任编辑：刁乾超
版式设计：李　文　　责任校对：刘丽香
印刷：北京大汉方圆数字文化传媒有限公司
版次：2021 年 9 月第 1 版
印次：2021 年 9 月北京第 1 次印刷
发行：新华书店北京发行所
开本：700mm×1000mm　1/16
印张：12.25
字数：220 千字
定价：68.00 元